本书出版获得以下资助：
太原科技大学博士科研启动金（20232003）
山西省高等学校科技创新项目（2022L323）
山西省基础研究计划（202403021211085）

JIYU RIZHI JIEGOU HEBINGSHU DE JIANZHI
CUNCHU XITONG YOUHUA YANJIU

基于日志结构合并树的键值存储系统优化研究

柴艳峰 ◎ 著

知识产权出版社
全国百佳图书出版单位
—北京—

图书在版编目（CIP）数据

基于日志结构合并树的键值存储系统优化研究 / 柴艳峰著 . — 北京：知识产权出版社，2024.11. — ISBN 978-7-5130-9582-2

Ⅰ. TP333

中国国家版本馆 CIP 数据核字第 20247041JJ 号

内容提要

本书主要介绍基于日志结构合并树 LSM-tree 的键值存储系统的性能优化，具体包括：面向新型存储硬件的键值存储结构优化，面向资源负载自适应 LSM-tree 结构的键值存储优化，基于强化学习相关性的 LSM-tree 键值存储自动调优，面向知识图谱应用的 LSM-tree 键值存储优化。

本书可使读者对键值存储结构引擎有初步了解，并且掌握 LSM-tree 存储引擎的实现和优化思路。

责任编辑：徐　凡　　　　　　　　　责任印制：孙婷婷

基于日志结构合并树的键值存储系统优化研究
JIYU RIZHI JIEGOU HEBINGSHU DE JIANZHI CUNCHU XITONG YOUHUA YANJIU

柴艳峰　著

出版发行：知识产权出版社有限责任公司	网　　址：http://www.ipph.cn
	http://www.laichushu.com
电　　话：010-82004826	
社　　址：北京市海淀区气象路 50 号院	邮　　编：100081
责编电话：010-82000860 转 8533	责编邮箱：laichushu@cnipr.com
发行电话：010-82000860 转 8101	发行传真：010-82000893
印　　刷：北京中献拓方科技发展有限公司	经　　销：新华书店、各大网上书店及相关专业书店
开　　本：720mm×1000mm　1/16	印　　张：9.25
版　　次：2024 年 11 月第 1 版	印　　次：2024 年 11 月第 1 次印刷
字　　数：150 千字	定　　价：48.00 元

ISBN 978-7-5130-9582-2

前　言

在大数据时代，非结构化数据的存储和数据密集型应用成为学术界和工业界共同关注的研究方向。键值存储凭借简单、高效的数据模型和优异的水平扩展性能，成为替代传统数据库存储引擎的首选方案。随着云计算、虚拟化的兴起，数据应用的服务质量成为衡量存储系统性能的一个重要指标，直接影响用户的体验。因此，键值存储系统存在的性能抖动和尾延迟现象成为提升服务质量需要解决的关键问题。本书主要研究基于日志结构合并树（LSM-tree）的键值存储系统的性能优化问题，具体包括以下内容：优化 LSM-tree 合并机制，减少写放大以提升写入性能，构建自适应 LSM-tree 结构以进一步动态改善读写性能和尾延迟问题，以及构建基于相关性的键值存储自动调优系统以实现对 LSM-tree 键值存储系统更全面的优化。本书的主要研究内容如下。

（1）面向新硬件的 LSM-tree 写性能优化的合并机制研究

随着社交网络、自媒体的兴起，应用场景逐步从读密集型向写入密集型转变。基于 LSM-tree 的键值存储系统在分层结构上天然地适用于写入密集型的应用。随着写入数据规模的不断增大，LSM-tree 键值存储系统需要对磁盘的数据文件进行不定期的合并重组，以实现数据更新和空间回收。在实际的合并过程中，仅有部分数据需要合并更新，但涉及的所有数据文件都需要经历"载入 – 合并 – 写回"的过程，这样在合并过程中就产生了严重的写放大问题。写放大问题不仅影响系统的吞吐能力，而且会削减 SSD 等新型存储硬件的使用寿命，成为键值存储系统在性能和成本方面急需解决的具有挑战性的问题。

为了解决这个问题，本书提出了一种新的 LSM-tree 底层驱动合并机制，并且在此基础上构建了一套新的键值读写模式。底层驱动合并机制遵循了"推迟合并、批量处理"的核心思想，从理论上有效减少了传统合并机制的写放大问题。通过实验测试，相比传统方式，底层驱动合并机制有效地减少了写放大问题，不仅提升了键值存储系统的写入性能，并且有效改善了系统在延迟等方面的问题。

（2）资源负载自适应 LSM-tree 结构的键值存储优化

键值存储系统为了兼顾应用场景的通用性，通常会选择性能平衡、折中的结构设计。但是，实际应用负载通常是动态变化的，并且，LSM-tree 键值存储结构对负载特征是非常敏感的，例如，读写比例与当前时刻 LSM-tree 的结构形态会共同影响键值存储系统吞吐和延迟等方面的性能指标。这就导致键值存储系统不仅无法充分发挥应有的访问潜能，同时也给系统资源造成了极大的浪费。

针对这个问题，本书基于 RUM 扩展理论提出了自适应 LSM-tree 结构，针对当前负载和系统资源情况，通过性能预测模型计算，动态改变 LSM-tree 形态和合并机制以实现键值存储系统的自适应优化，并在此基础上实现自适应 LSM-tree 键值存储系统 ALDC-DB。通过实验发现，ALDC-DB 在动态混合负载下，读写吞吐性能都有进一步的提升，并且，自适应合并机制能够有效减少系统的写放大，减轻了尾延迟影响，提升了用户的服务体验。

（3）基于强化学习的 LSM-tree 键值存储自动调优系统研究

键值存储系统基于配置选项的全面调优一直是困扰使用者的一个难题，即使系统的开发者，由于应用负载场景的多变，也很难提供一套通用可行的系统调优方案。因此，基于机器学习的数据库自动调优成为主要研究方向，其可以轻松解决海量连续的参数空间优化的问题，但是需要花费大量时间和资源进行调优模型的离线训练，因为现有训练过程通常忽略了配置选项之间、负载间的相关性规律，成为训练过程中低效率、无价值的性能评估采样。同时，基于 LSM-tree 的键值存储系统对用户负载特征是非常敏感的，即负载的特征及当前配置参数会共同影响系统的性能表现。

针对这些问题，本书提出了一种基于强化学习的 LSM-tree 键值存储自动调优系统 XTuning。XTuning 利用配置选项间的相关性规则有效减少了强化学习的模型离线训练时间，负载相关性规则和结构性优化进一步提升了键值存储系统的吞吐和延迟等性能指标，有效减轻了尾延迟的影响，提升了系统的服务质量。

（4）基于 LSM-tree 键值存储系统的知识图谱系统优化

分布式系统的高扩展性和高可用性使得在其上构建大规模知识图谱已经成为产业发展趋势。新兴的分布式图数据库更推崇采用 NoSQL 等数据模型，如键值存储作为其存储引擎，以进一步提高其可扩展性和实用性。在这种情况下，上层的图查询语言的语句会被翻译成一组混合的键值操作。

为了加速查询翻译生成的键值操作，本书提出了基于非易失性内存查询性能加速（Knowledge Graph Booster，KGB）的知识图谱系统。KGB 主要包含：①面向邻域查询加速的 NVM 辅助索引，用于降低键值存储的读取成本；②快速响应的改进 Raft 算法，用于实现高效的键值存取操作；③面向键值存储引擎的调优机制，为知识图谱存储系统获得了额外的性能提升。实验表明，KGB 能有效降低知识图谱系统的平均延迟和尾延迟的影响，实现显著的性能提升。

本书的顺利出版要感谢恩师柴云鹏教授长期以来的关心、支持和指导，感谢太原科技大学计算机科学与技术学院院系领导的关照和支持，同时也要感谢所有参与本书研究的各位朋友所付出的努力。由于作者学识和能力有限，不足之处在所难免，敬请读者批评指正。

目　　录

第1章　绪论 ……………………………………………………… 1

1.1　研究背景与意义 ……………………………………………… 1

1.2　键值存储系统面临的挑战 …………………………………… 2

   1.2.1　键值存储与新硬件的适配优化 …………………………… 2

   1.2.2　键值存储结构的自适应优化 ……………………………… 3

   1.2.3　基于机器学习的键值存储自动调优 ……………………… 3

1.3　本书的主要研究工作 ………………………………………… 3

1.4　本书的组织结构 ……………………………………………… 7

第2章　键值存储系统相关背景 …………………………………… 8

2.1　基于LSM-tree的键值存储系统介绍 ………………………… 8

   2.1.1　LSM-tree键值存储系统的基本概念 ……………………… 9

   2.1.2　LSM-tree键值存储系统存在的性能问题 ………………… 10

2.2　面向新硬件的键值存储系统结构优化 ……………………… 13

   2.2.1　新型高密度磁盘的LSM-tree键值存储优化 ……………… 15

   2.2.2　面向固态磁盘SSD的LSM-tree键值存储优化 …………… 17

   2.2.3　面向非易失性内存的LSM-tree键值存储优化 …………… 18

2.3　面向动态资源及负载的自适应优化 ………………………… 23

2.4　基于机器学习的数据库系统性能自动优化 ………………… 24

第3章　面向新型存储硬件的LSM-tree合并机制优化 ………… 27

3.1　引言 …………………………………………………………… 27

3.2　问题描述 ……………………………………………………… 28

   3.2.1　LSM-tree的写放大问题 …………………………………… 29

   3.2.2　LSM-tree性能抖动延迟问题 ……………………………… 30

   3.2.3　相关研究 …………………………………………………… 31

3.3　底层驱动合并机制的设计与实现 …………………………… 32

   3.3.1　底层驱动合并机制整体设计 ……………………………… 33

   3.3.2　底层驱动合并机制的实现 ………………………………… 38

3.4 实验评估 ·· 42

   3.4.1 实验测试环境配置 ···················· 42

   3.4.2 吞吐性能测试 ·························· 43

   3.4.3 合并机制空间开销性能测试 ·········· 46

   3.4.4 降低延迟影响测试 ···················· 48

3.5 本章小结 ·· 49

第 4 章 面向资源负载自适应 LSM-tree 结构的键值存储优化 ·········· 51

4.1 引言 ·· 51

4.2 问题描述 ·· 53

   4.2.1 LSM-tree 形态对系统性能的影响 ······ 54

   4.2.2 LSM-tree 合并机制对系统性能的影响 ·· 55

   4.2.3 键值存储的自适应模型 ················ 56

   4.2.4 相关研究 ······························ 57

4.3 自适应 LSM-tree 键值存储系统 ALDC-DB 的设计与实现 ········ 58

   4.3.1 自适应 LSM-tree 结构设计 ············ 58

   4.3.2 自适应 LSM-tree 结构实现 ············ 61

   4.3.3 自适应合并机制实现 ·················· 64

4.4 实验评估 ·· 70

   4.4.1 实验环境配置 ························ 70

   4.4.2 吞吐性能评估 ························ 71

   4.4.3 延迟影响性能评估 ···················· 75

   4.4.4 内部相关结构性能评估 ················ 76

4.5 本章小结 ·· 80

第 5 章 基于相关性的 LSM-tree 键值存储自动调优 ·········· 81

5.1 引言 ·· 81

5.2 问题描述 ·· 83

   5.2.1 自动调优的时间开销 ·················· 84

   5.2.2 键值存储的结构性优化 ················ 84

   5.2.3 相关研究 ······························ 85

5.3 基于相关性的自动调优系统 XTuning 的设计与实现 ············ 87

   5.3.1 XTuning 整体架构设计 ············ 87

   5.3.2 内部专家规则模块实现 ············ 88

   5.3.3 外部专家规则模块实现 ············ 92

   5.3.4 基于专家规则的调优算法 PEKT ············ 95

   5.3.5 LSM-tree 结构性优化的实现 ············ 97

5.4 实验评估 ············ 99

   5.4.1 实验环境设置 ············ 100

   5.4.2 训练时间开销评测 ············ 100

   5.4.3 吞吐性能评测 ············ 101

   5.4.4 延迟影响评测 ············ 102

   5.4.5 键值存储系统内部 I/O 评测分析 ············ 103

5.5 本章小结 ············ 105

第 6 章 基于 LSM-tree 键值存储的知识图谱系统优化 ············ 107

6.1 引言 ············ 107

6.2 问题描述 ············ 108

   6.2.1 邻域查询性能 ············ 108

   6.2.2 基于 NVM 的图谱加速优化 ············ 108

   6.2.3 相关研究 ············ 109

6.3 基于 LSM-tree 键值存储系统的知识图谱查询加速系统 ············ 112

   6.3.1 提升邻域查询性能 ············ 112

   6.3.2 面向知识图谱应用的键值存储引擎优化 ············ 113

   6.3.3 面向分布式知识图谱的 Raft 优化 ············ 115

6.4 实验评估 ············ 116

   6.4.1 实验环境设置 ············ 116

   6.4.2 吞吐性能测试 ············ 117

   6.4.3 平均延迟性能测试 ············ 118

   6.4.4 尾延迟性能测试 ············ 119

　　6.4.5　可扩展性测试 ·· 120

　6.5　本章小结 ·· 121

第 7 章　总结与展望 ·· 123

　7.1　主要研究内容与成果贡献 ······································ 123

　7.2　未来的研究计划 ·· 126

参考文献 ·· 127

第1章 绪 论

在大数据、云计算时代，海量的数据已经不再是单机节点可以轻易承载的。这就要求存储系统具备高扩展性，数据组织布局尽可能简单高效，有利于快速进行数据分段和迁移。而键值这一简单、高效的数据模型，相比传统的关系模型，更适用于存储非结构化数据，同时具备灵活的水平扩展性能。这些特点使得存储系统能够快速、高效地进行扩容或收缩，充分利用软硬件资源。本章首先介绍当前数据存储应用的发展趋势，针对键值存储，介绍其存在的机遇与挑战，随后引出本书所做的主要研究工作，最后介绍本书的整体组织结构。

1.1 研究背景与意义

大数据"云时代"的到来，要求越来越多的应用能够处理更大规模的数据，并具备更强的扩展能力，而传统使用较为广泛的关系数据模型已经难以满足大规模数据存储及扩展的需求。根据相关统计[1]，全世界在 2018 年创建生成、捕获、复制和消耗的数据总量为 33ZB，换算后为 33 万亿 GB。截至 2020 年，这一数字增长到 59ZB，预计到 2025 年将以惊人的速度增长到 175ZB。

随着 NoSQL 的兴起，数据存储模型（键值存储是其重要组成部分）得到了广泛的应用，如 BigTable[2]、Cassandra[3]、HBase[4]、Dynamo[5] 等。应用场景囊括了分布式系统、社交网络[6]、图数据处理[7] 及机器学习[8] 等多方面。

相比传统关系数据库的存储引擎，基于 LSM-tree 的键值存储面向写入请求更加友好。例如，关系数据库 MySQL[9] 所采用的底层存储引擎 InnoDB[10] 就采用了基于 B-Tree 的存储系统。虽然 B-tree 在以读请求为主的负载下较为优异，但是面对以写请求为主的负载时，自身的写放大就会变得很大，有可能写入一个键值对就需要重写整个节点，造成成百上千倍的写放大。通过脸书（Facebook）公司[11]对自身社交的应用分析可知，用户的写入已经占到了整个应用的 1/3，随着自媒体的快速发展，这个比例可能会进一步提高。因此，脸书（Facebook）公司将 InnoDB 替换为自己开发的基于日志合并树（Log-Structured Merge-tree，LSM-tree）[12]结构的 RocksDB[13]键值存储引擎，设计出了更适用于企业应用环境的 MyRocks[14]。

1.2　键值存储系统面临的挑战

在现有的相关工作中，面向新型硬件的优化、自适应结构的优化和自动调优已经成为数据存储系统的热点研究方向。本节将从键值存储与新硬件的适配优化、键值存储的自适应优化和基于机器学习的键值存储自动调优 3 方面来介绍当前键值存储系统研究所面临的问题与挑战。

1.2.1　键值存储与新硬件的适配优化

在硬件架构和介质方面，处理器（CPU）、内存（Memory）和外部存储在应用场景和性能特征方面都呈现出巨大的差异，异构化的差异使得上层软件的优化需要根据当前硬件特性进行针对性的性能优化。同时，数据存储系统，尤其是键值存储系统，工作负载的特征直接影响系统性能。因此，目前主流的键值存储系统的优化工作基本都基于当前应用负载特征同时结合硬件特性，从整体上提出对应专用的结构性优化方案。特别是存储介质方面，新兴的非易失性内存（Non-volatile Memory，NVM）从存储结构上改变了现有的三级存储层次，在易失性内存和持久化外存之间增加了一层容量更大、随机读写能力更强、CPU 可以直接访问并且易失性部分可按需调节的高速存储层。而目前主流的键值存储系统往往还是针对传统机械磁盘进行结构设计的，新型叠瓦式磁盘（SMR）、固态磁盘（SSD）及非易失性内存都为键值存储的优化提供了不同的优化思路。因此，面向新型硬件的键值存储的适配性优化成为一个新的挑战。

1.2.2　键值存储结构的自适应优化

目前，键值存储系统的优化工作越来越多聚焦在实际的应用问题上，软件应用的差异化和硬件环境的异构化使得相应的优化工作必须具备更强的针对性。从实际的应用负载来看，用户请求的数据规模、访问频率、热点及访问时间等特征 [15-16] 都是在不断变化的。虚拟化的兴起使得硬件环境也成为一种可以动态调配的资源，可以避免传统硬件环境的浪费和耗能，有效降低企业运维的成本。因此，键值存储系统的自适应优化成为高效利用软硬件资源所面临的一个难点问题。对于基于 LSM-tree 的键值存储系统而言，构建一个自适应结构的 LSM-tree，根据负载应用特征动态进行结构形态上的调整，是一个非常具有挑战性的研究方向。

1.2.3　基于机器学习的键值存储自动调优

在异构化和虚拟化发展的背景下，现代存储系统（包括底层文件系统及上层数据库管理系统应用）为用户提供了数以百计的可调整配置参数。随着机器学习的兴起，AI 和数据库的有机结合逐步成为新的研究方向。一方面，AI 为数据库的自动调优提供了强大的技术模型，解决了靠人工完全无法实现的海量参数空间的调优工作，尤其是强化学习等技术，可以在缺乏历史经验和标记的前提下，通过不断试错的模式对数据库系统性能进行优化。另一方面，数据库存储技术的不断更新迭代也推动了机器学习的不断发展，如专门面向神经网络的优化加速存储结构。目前来看，大多数现有工作仍需要依赖大量的离线训练来建立性能调优模型，并花费大量的时间和资源来学习目标存储系统的性能特征。因此，对于键值存储系统而言，进一步降低离线训练的成本，面对动态负载实现细粒度的自动调优，同时与传统的结构性优化方案结合，是目前所面临的主要挑战。

1.3　本书的主要研究工作

为了能够灵活应对实际应用场景下复杂多变的负载情况，实现具备高吞吐、低延迟和面向服务质量的自适应调优的键值存储系统，本书内容主要围绕基于 LSM-tree 结构的键值存储系统的优化展开。本书整体遵循"由点到面、由内到外"的研究思路，从 LSM-tree 合并机制这一影响键值存储系统性能的关键点，逐步过渡到具有自适应 LSM-tree 结构的键值存储系统，随后从键值存储系统的内部出发，借助强化学习模型强大的探索感知能力，结合所提出的相关性模型加速调优系统训练过程，进一步提升调优能力，并结合 LSM-tree 内部结构性优化，按照"内外结合、标本兼治"的思路进行优化，使得键值存储系统具备更加全面的自动优化能力，并且在基于 LSM-tree 键值存储的知识图谱系统应用中实现针对性的自适应优化。本书的研究内容和组织结构如图 1.1 所示，主要研究内容如下。

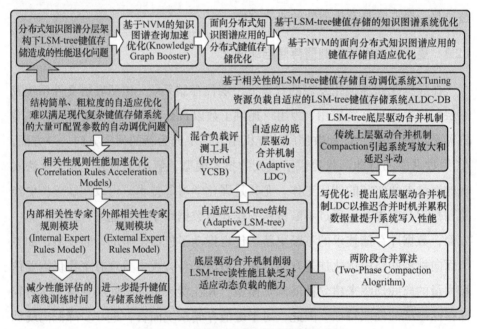

图 1.1　本书的主要研究内容和组织结构

1. LSM-tree 底层驱动合并机制

经典的 LSM-tree 合并机制采用上层驱动的方式，即在树形层次结构中，当某一层的文件数据量达到阈值时，会选出一个键值数据文件 SSTable，并触发下一层级的合并操作，上下两层键（Key）重合的部分会载入内存进行归并排序，同时丢弃有删除标记的键值，合并机制完成之后，会生成新的

SSTable 数据文件。整个合并过程由上层驱动,下层被动实施合并过程,整体上实现了新旧多版本数据的重布局及垃圾回收的功能。由于传统的上层驱动合并机制在触发合并操作时,所选择的上层目标 SSTable 和下层 SSTable 的键值重合范围是不可预知和不可控制的,在极端情况下键值的重合范围可能是下层全体。这种情况就会引起基于扇出系数(Fan-out)的值 n 倍写放大的情况,即大量的文件数据被载入内存中进行合并操作,而其中多数键值数据本是不需要进行重写的,这会带来较多 I/O 资源浪费。随之产生的副作用就是系统产生性能抖动,从吞吐和延迟等方面对上层的应用产生一定的影响,甚至可能造成短时间内键值存储服务不可用。为了解决传统合并机制存在的写放大、抖动等问题,本书提出了一种面向 LSM-tree 底层驱动的合并机制,该机制的核心就是两阶段合并算法。

简单来说,就是将合并机制拆分为两个阶段:链接(Link)阶段和触发合并(Merge)阶段。在链接阶段,对目标 SSTable 合并所需的数据文件进行一个拆分分片并向下层链接的过程,而这一过程是一个逻辑上的链接过程。每个链接数据片都被称为 Slice,记录了待合并数据文件的元数据信息。当下层的 SSTable 所链接的 Slice 数量及其他相关参数达到预先设定的条件时,就进入触发合并阶段。由于触发的对象由上层 SSTable 转移到下层 SSTable,因此,此过程被称为底层驱动合并机制。在这一阶段,合并操作才会产生真实的 I/O 数据量,即将合并所涉及的 SSTable 文件数据载入内存中进行数据重新整理和分布。两阶段合并算法的核心是利用推迟触发时机、积累批次处理的思想,控制合并过程中的 I/O 粒度,有效地减小 LSM-tree 写放大,减轻系统抖动问题,进一步提升系统的写入性能。

2. 资源负载自适应 LSM-tree 结构的键值存储系统 ALDC-DB

键值存储系统为了具备广泛的通用性,通常在设计时选择在各种应用场景下性能比较折中的设计方案。但是,LSM-tree 的键值存储系统结构本身对负载特征是非常敏感的,即负载的读写比例与当前 LSM-tree 的形态会直接影响键值存储系统的吞吐和延迟等方面的性能指标。因此,近些年学术界和工业界将自适应结构的数据存储应用作为研究的热点方向。

在基于读写和空间优化的 RUM 理论 [17] 基础上，本书提出了面向资源负载自适应的 LSM-tree 结构及合并机制，并在此基础上实现了自适应键值存储系统 ALDC-DB。ALDC-DB 的核心思想就是在读写和空间优化的 RUM 性能三角形中，根据当前的用户负载和资源使用情况进行动态权衡调整，并通过性能代价模型的计算，得到当前负载下一个相对最优的模型，然后通过改变 LSM-tree 的形态及关键的自适应合并机制来实现系统性能的动态优化，并且在键值存储系统所关注的吞吐和延迟两个最主要的性能指标之间，根据用户的实际需求，自适应实现高吞吐优先或低延迟优先等涉及用户服务质量方面的指标要求。

3. 基于相关性的 LSM-tree 键值存储自动调优系统 XTuning

数据库系统调优一直是困扰管理员的难题之一，现代数据库，如 MySQL[9] 和 PostgreSQL[18] 的较新版本，都已经提供了 200 个以上的可配置参数选项。键值存储系统，如常见的 RocksDB[13]，已提供了 100 个以上的可配置参数选项。即使该键值系统的开发者，由于应用负载场景多变，也很难提供一套可行的键值存储系统的调优方案。

因此，基于机器学习的数据库系统自动调优成为研究热点。目前，基于机器学习的数据库系统调优成为自动调优的主要研究方向，可以轻松解决海量连续的参数空间优化的问题，但是需要花费大量时间和资源进行调优模型的离线训练过程。同时，基于 LSM-tree 的键值存储系统对用户的应用负载特征是非常敏感的，即负载的读写特征及当前配置参数会共同影响键值存储系统的性能表现。但是，同一个配置参数面对不同负载的影响力，权重是不一样的，例如，写缓冲的大小对于纯读请求的性能影响就是非常小的。同时，我们将传统的结构性优化机制抽象为可配置选项引入基于强化学习的调优过程中，从根源上解决了写放大问题，并在此基础上提出了基于相关性的 LSM-tree 键值存储自动调优系统 XTuning。XTuning 利用相关性专家规则有效减少了强化学习的模型离线训练时间，负载相关性规则和结构性优化进一步提升了键值存储系统的吞吐和延迟等方面的性能表现，有效减轻了尾延迟的影响，提升了系统的服务质量。

4. 基于 LSM-tree 键值存储的知识图谱加速系统 KGB

分布式系统的高扩展性和高可用性使得在其上构建大规模知识图谱成为产业发展的趋势。新兴的分布式图数据库通常采用 NoSQL 等数据模型,如键值存储作为其存储引擎,以进一步提高可扩展性和实用性。在这种情况下,上层的图查询语言语句会被翻译成一组混合的键值操作。本书为了加速这些查询翻译生成的键值操作,提出了基于非易失性内存(NVM)的查询性能加速系统——知识图谱加速器(KnowledgeGraphBooster,KGB),其主要包含:①面向邻域查询加速的 NVM 辅助索引,以降低键值存储的读取成本;②改进的 Raft 算法,以实现高效的键值存取操作从而快速响应请求;③针对键值存储引擎的调优机制,以进一步提升知识图谱存储系统的性能。实验结果表明,KGB 能够有效降低知识图谱系统的平均延迟和尾延迟,从而实现显著的性能提升。

1.4 本书的组织结构

本书后面的章节按照如下内容进行组织。

第 2 章主要介绍键值存储系统的相关研究背景,包含基于 LSM-tree 的键值存储在读写性能方面存在的问题与挑战,以及键值存储系统研究的现有相关工作。第 3 章主要研究面向新硬件、低延迟的 LSM-tree 底层驱动合并机制。第 4 章从自适应 LSM-tree 结构的优化角度提出了面向资源负载自适应的键值存储系统。第 5 章从 LSM-tree 键值存储系统整体性能优化角度研究了基于相关性规则的键值存储自动调优系统。第 6 章从具体应用场景对 LSM-tree 键值存储进行了整体优化研究。第 7 章对全书进行总结,同时介绍了未来的相关研究计划。

第 2 章　键值存储系统相关背景

相比传统的关系数据库，键值存储结构简单，历史兼容性问题比较少，可以提供良好的扩展性和更好质量的服务。因此，越来越多的传统数据应用及新兴的分布式应用开始使用键值存储作为自身底层系统的存储引擎[19]，以实现快速的数据交换访问服务。同时，随着新型存储硬件的不断涌现，工业界和学术界针对新型存储硬件特性的键值存储优化也成为存储领域的研究热点。本章将重点介绍键值存储系统的背景知识及一些具有代表性的相关研究工作。

2.1　基于 LSM-tree 的键值存储系统介绍

LSM-tree[13] 最初是为了解决传统磁盘索引结构 B-tree 在数据更新插入时引起的磁盘磁臂移动导致的 I/O 开销过大问题。其通过在内存结构缓存积累数据，将随机访问转化为顺序访问，以异位追加更新的方式批量进行数据的持久化，形成树形的层次结构，其核心在于推迟批量化处理以提升系统的吞吐能力。

最初 LSM-tree 的算法结构包含内存（Memory）和外存（Disk）两部分，LSM-tree 键值存储结构如图 2.1 所示。LSM-tree 键值存储结构是由内存结构 C_0 和外部存储 $C_{1,\cdots,k}$ 两部分组成的。LSM-tree 的整体结构类似分层结构，层内相对有序，层间可能存在键值范围内的重叠，随着层次递增，每层容纳的数据量逐层增大。用户的写入首先会写入内存中的缓冲结构，当该缓冲结构的体积达到限制值时，一次性将整个缓冲刷回并持久化到磁盘文件。由于每层都有文件数量或体积的限制，为了空间回收和数据更新，上层与下层之间会存在一个或多个文件的合并。合并的本质就是根据键值的范围，将下层重合范围内旧版本的键值对进行归并排序，丢弃无用键值对并重新组织数据文件实现空间回收，而这一合并过程也被称为 Compaction。LSM-tree 采用了缓冲批量写入的方式，将小粒度的随机写转换为较大粒度的连续写入，使得基于 LSM-tree 的键值存储的写性能得到了提升。

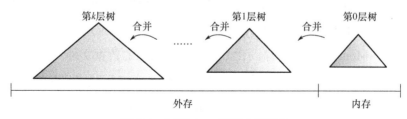

图 2.1　LSM-tree 键值存储结构

2.1.1　LSM-tree 键值存储系统的基本概念

　　LSM-tree 键值存储系统脱胎于日志结构合并树的设计思想，将数据存储过程分为易失性和持久化两部分。在易失性部分通过积累批量处理的思路，借助内存高速的随机读写性能对数据实现有序化处理[20]，数据量在达到预设值之后触发合并机制，持久化为有序的只读数据文件。而层次化的只读有序数据文件必须通过不定期的合并操作 Compaction 进行数据重组和空间回收。下面将以经典的键值存储系统 LevelDB[21] 结构为例介绍 LSM-tree 键值存储系统中较为重要的一些基本概念。

　　【定义 2.1】LSM-tree 键值存储系统：一种基于 LSM-tree 层次结构的键值存储系统，每层都由一系列数据集 $C_i (0 \leqslant i \leqslant N)$ 构成，并且上层数据规模小于下层数据规模，即 $|C_i| < |C_{i+1}|$。

　　键值存储分为内存易失性结构 MemTable 和外存持久化结构 SSTable 两部分，通过周期性的合并操作 Compaction 实现数据重组和更新，并且在这一过程中实现 LSM-tree 键值存储系统中新旧版本数据的更新及废弃数据的清理，合并操作完成后会生成新的 SSTable，LSM-tree 会进入一个新版本的状态。

　　【定义 2.2】MemTable：LSM-tree 键值存储系统易失性的缓冲数据结构，作为新写入键值数据批量累积的区域，可以采用支持范围查询的跳表结构或者高速点查询的哈希结构等方式实现。当容量达到预设阈值后，触发合并操作，并持久化到 LMS-tree 的第 L_0 层的 SSTable 数据文件，通常采用 WAL 日志方式来保证其故障恢复。

【定义 2.3】SSTable：LSM-tree 键值存储系统中持久化保存键值数据的文件形式，键值对通常按照 Key 字典序由数据块（block）的方式构成。在合并操作中，MemTable 通过序列化方式成为持久化的数据文件。

SSTable 数据文件的一个重要特点就是在生产之后只可以读取，不能进行修改。这就避免了原位更新在文件系统层次带来的写放大问题。SSTable 的更新和删除限定在合并过程中，通过指定的合并机制完成 SSTable 的更新和清理工作。

【定义 2.4】合并机制（Compaction）：将 C_i 层的数据集与下层数据集 $C_j(j > i)$ 进行数据重新组织并更新的过程。

LSM-tree 键值存储系统在合并过程中实现新旧版本数据的更新，同时完成废弃数据的清理，合并操作完成后会生成新的 SSTable，LSM-tree 会进入一个新版本的状态。

【定义 2.5】扇出系数（Fan-out）：用来描述 LSM-tree 相邻层次之间的容量比值，记作 $|C_{i+1}|/|C_i|$，是决定 LSM-tree 形态结构的一个重要参数。

扇出系数的值越大，对应 LSM-tree 的逻辑上的形态就越扁平，单层所能容纳的 SSTable 数量也就越多，在触发合并操作时，下层可能涉及的 SSTable 数量也就越多，这会使得合并操作产生大量的内部 I/O 开销，引起系统性能的抖动，也会对寿命有限的存储硬件产生耐久性磨损。

2.1.2 LSM-tree 键值存储系统存在的性能问题

1. LSM-tree 键值存储系统的写放大问题

LSM-tree 键值存储系统的写入流程如图 2.2 所示。用户写入请求通过键值存储系统的 Put() 函数首先写入内存易失性结构 MemTable 中，以实现数据积累后批量持久化，提升写入性能。在 MemTable 中的数据会通过一个较小的日志系统保证发生故障后易失性结构的数据可以恢复。当 MemTable 的数据量超过规定阈值后，就会触发从易失性结构到持久化结构 SSTable 的合并操作（Minor Compaction）。而这一过程中的写放大问题基本上只有文件系统页（4KB）级别的碎片问题。

主要的写放大问题集中在持久化结构 SSTable 之间的合并操作（Major Compaction）过程中。图 2.2 中的 L_i 层被选中执行合并操作的 SSTable。由图可见，灰色部分分别对应了与下层多个 SSTable 的键重合的 kr_1、kr_2 和 kr_3。可以看到，L_i 层 SSTable 和 L_{i+1} 层的多个 SSTable 只有部分键值重合，但是，由于 SSTable 是只读文件，并不能在原位部分进行数据更新，因此，涉及合并的 L_{i+1} 层的这 3 个 SSTable 会被载入内存完成合并，并且再次生成新的 SSTable。在本次的合并过程中，上下层涉及的 SSTable 数量比例是 1 : 3，那么合并机制产生的写放大也就是 3 倍。虽然涉及键值重叠的数据只有一部分，但是由于要生成新的 SSTable，因此会造成额外的数据量写入存储介质。对于固态磁盘 SSD 等寿命有限的存储介质而言，LSM-tree 键值存储系统的写放大问题会加速存储设备的损耗[22]。此外，由于合并机制产生的 I/O 也会影响存储硬件本身的带宽吞吐性能，读写吞吐会受到较大的抖动影响，从而引起响应延迟、服务质量下降等问题，如图 2.3 所示。

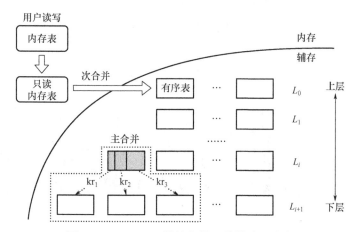

图 2.2　LSM-tree 键值存储系统的读写流程

2. LSM-tree 的读放大问题

LSM-tree 键值存储系统的读操作流程如图 2.2 所示。与写入流程类似，其也是按照 LSM-tree 的层次结构逐层查找的。用户的读请求首先通过 Get() 函数查询内存中的 MemTable，然后是 Immutable MemTable。如果在内存中的结构没有所需数据，接下来就开始在持久化部分查找，即按照 $L_0 \sim L_i$ 逐层查找，当到达底层 L_{i+1} 层时，如果仍未查找到目标键值，则结束读取流程。

由于 LSM-tree 键值存储系统的数据"索引"结构非常简单，仅记录了有序的键值数据文件 SSTable 的边界范围，所以读取过程可能需要在多个层次访问多个 SSTable 文件。因此，在实际查找过程中产生的 I/O 数据量大于用户需求的键值数据量的现象被称为 LSM-tree 键值存储系统的读放大问题。读放大问题本身不会影响存储介质的寿命问题，但是会影响用户读请求的吞吐和延迟表现，同样会影响键值存储系统的服务质量[23]。

3. LSM-tree 的空间放大问题

LSM-tree 键值存储系统遵循了日志结构合并树追加写入的特点，并且持久化部分 SSTable 结构具有只读的特性，使得 LSM-tree 天然地支持数据的多版本存储。并且，旧版数据和废弃数据的回收只能通过 LSM-tree 的合并机制完成，如果这些无用数据空间不能及时回收，就会产生空间放大的问题。而空间放大问题会消耗数据的存储空间，对于存储介质成本高昂的新型存储硬件也是一种资源浪费，同时会因为存储空间耗尽产生键值存储系统拒绝服务的问题。

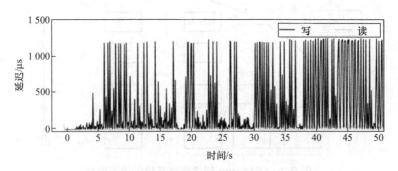

图 2.3 LSM-tree 键值存储系统读写时的性能抖动延迟

2.2　面向新硬件的键值存储系统结构优化

典型的 LSM-tree 键值存储的整体结构如图 2.2 所示，其分为内存和持久化存储两个部分，用户的写入首先进入内存易失性的 MemTable 中，随后变为只读的 Immutable MemTable，然后持久化到第 L_0 层，生成 SSTable 文件。由于上下层之间的 SSTable 是否需要合并以及合并涉及的 SSTable 数量是由上下层之间的 Key 重叠范围决定的，在最坏情况下，上一个 SSTable 需要合并到下层，而上层 Key 范围覆盖全部下层 n 个 SSTable，那就意味着所有涉及 Key 重叠的 SSTable 都需要载入内存中进行合并再持久化写回，这样就会造成 n 倍的写放大，会耗费系统大量的 IO 资源，尤其会对寿命有限的 SSD 等存储硬件产生加速磨损[24]，影响整体键值存储的成本与性能。而且，在合并过程中，不仅需要大量 I/O 带宽读写 SSTable 文件，还需要 CPU 计算资源完成数据排序重组。X-Engine[25] 有专门面向 LSM-tree 合并的 FPGA 加速结构[26]。LUDA[27] 利用 GPU 完成 LSM-tree 键值存储的合并操作，充分利用现有系统的硬件性能，可以有效减轻 CPU 的计算负担，完成其他任务。

在一些同样基于 LSM-tree 的键值存储系统中，如 HBase、Cassandra[3]，使用 Tiered Compaction[28] 合并机制的 LSM-tree 来优化传统方法的写放大。如图 2.4 所示，在相同容量尺寸的层的 SSTable 数量达到一定阈值后，将该层所有相同容量尺寸的 SSTable 合并成一个更大容量层的 SSTable，以此类推。从它的合并过程就可以发现，Tiered 合并机制对于写放大问题的控制较好，但是，由于合并粒度更大，对于读性能和延迟的影响都会比较大。因此，本书研究的重点是关注采用 Levelled 合并机制的 LSM-tree 结构的键值存储系统。

Atlas[29] 和 WiscKey[15] 使用键（Key）和值（Value）分离[30] 的技术对 LSM-tree 进行优化，典型的键值分离存储形式如图 2.5 所示。WiscKey 把所有 Value 追加写入一个大文件中，在 LSM-tree 中仅存储 Key 及对应的 Value 在大文件中的偏移量和长度。这样，LSM-tree 合并中造成的写放大就只来自 Key，而与 Value 无关。但是，这样的设计需要解决对存储 Value 的文件进行垃圾回收的问题，否则被删除的 Value 和旧的 Value 就会一直占用存储空间。WiscKey 使用文件的空洞技术来尽可能高效地实现垃圾回收问题，但还是有不可忽视的开销。因此，WiscKey 只在 Value 的长度较大时，合并机制写放大的收益才能大于 Value 需要垃圾回收带来的性能开销。

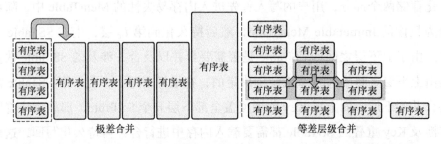

图 2.4　Tiered Compaction 合并机制和 Levelled Compaction 合并机制对比

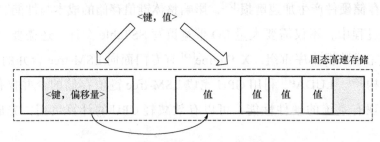

图 2.5　典型的键值分离存储形式示意

部分新型存储硬件的特性对比见表 2.1。针对不同的存储介质，LSM-tree 键值存储合并机制的优化有很大的差异。下文从 3 方面分别对基于新型高密度磁盘的 LSM-tree 键值存储的合并机制优化、基于固态磁盘 SSD 的 LSM-tree 键值存储的合并机制优化及基于非易失性内存的 LSM-tree 键值存储的合并机制优化的相关工作进行介绍。

表 2.1　不同存储硬件设备的性能比较

设备类别	读延迟	写延迟	读带宽	写带宽	容量
DRAM	60ns	60ns	20GB/s	20GB/s	64GB
OptanePMM	305ns	81ns	$6 \sim 7$GB/s	$2 \sim 3$GB/s	512GB
OptaneSSD	10μs	10μs	$2 \sim 3$GB/s	$2 \sim 3$GB/s	1.5TB
NVMeSSD	120μs	30μs	2GB/s	500MB/s	8TB
HDD	5ms	5ms	0.1GB/s	0.1GB/s	16TB

2.2.1　新型高密度磁盘的 LSM-tree 键值存储优化

传统的机械磁盘并没有因为新型存储硬件的出现而被淘汰，反而因为磁盘存储密度大的特点而得到了进一步的发展。目前应用比较广泛的高密度磁盘是叠瓦式磁记录磁盘（Shingled Magnetic Recording，SMR），其利用盘片磁道的重叠来提高存储密度，但是随机读写是基于 band（约几十 MB）的，所以也存在写放大的问题。而在传统 LSM-tree 的合并机制中，所有涉及 Key 重叠的 SSTable 文件都会被载入内存进行排序合并操作，即使仅有若干 Key 重叠，还是会将整个 SSTable 进行重写，造成较显著的写放大。SMR 磁盘的写放大和 LSM-tree 的写放大叠加会产生乘数效应，使得 LSM-tree 键值存储系统在 SMR 上的写放大问题更加突出，即使不用考虑磁盘的寿命问题，但还是会严重影响存储系统的性能指标。

因此，LSM-tree 键值存储在高密度磁盘 SMR 上的应用就需要根据其硬件特点并针对合并机制进行优化，由此在 LWC-tree[31] 中提出了 Light-Weight Compaction（LWC）合并机制。如图 2.6 所示，为了减少写放大，每次只载入一个 DTable（修改后的 SSTable），而与之对应的下层 Dtable 不载入内存，而是使重合 Key range 片段通过修改 Dtable 元数据的形式实现待合并的数据片段追加到下层 Dtable，通过积累追加片段的方式推迟合并时机，并且减小了合并的粒度，减轻了写放大，更适用于 SMR 这样的新型高密度磁盘。

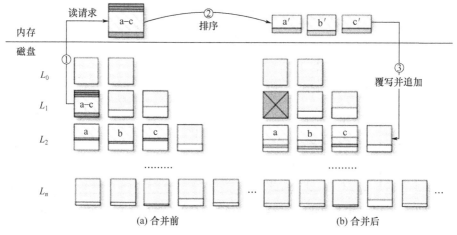

图 2.6　面向 SMR 的 LSM-tree 键值的 LWC[31] 合并机制优化

由于 SMR 仍然是基于磁头移动盘片旋转记录数据的，顺序读写性能要远大于随机读写性能，因此基于 SMR 的 LSM-tree 键值存储系统就需要将 LSM-tree 结构向局部性更强的方向进行优化。GearDB[32] 提出涉及多层 SSTable 传递合并的机制，在上下层合并生成新的 SSTable 前，对内存中已经有序的数据进行分片，如果部分数据片的 Key 和更下层的 SSTable 有重叠，则直接将该数据片进行更下层的合并操作，避免了非重叠数据片的逐层拷贝开销。从形式上来看，如果多层齿轮逐层传递，则意味着最上层的合并可能会直接传递到底层。这样对于高密度磁盘而言，减少了对磁盘的读入重写的数据量，减轻了合并过程中的写放大问题。

高密度磁盘的本质仍然是基于旋转盘片并通过磁头移动来实现读写操作，这样，随机的 I/O 性能和顺序 I/O 性能存在较大的性能差异。因此，在这样的存储介质上的 LSM-tree 优化就需要尽可能减小随机的读写操作数量，例如，LWC-tree 选择将待合并的数据片段追加到 SSTable 之后，通过牺牲一定的读性能来换取写入性能，充分利用每一次载入内存进行 Compaction 合并的时机。GearDB 为了减小非重叠数据片段的逐层拷贝开销，选择可能造成更大合并粒度的 Gear Compaction 方式来解决这个问题。这样虽然会带来延迟方面的影响，但考虑到磁盘介质较弱的读写能力，这样可使 LSM-tree 键值存储系统发挥最大的性能优势，如图 2.7 所示。

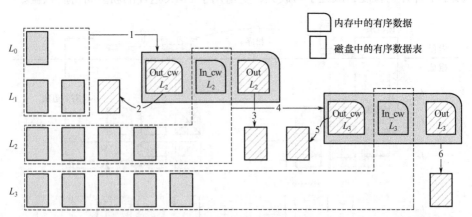

图 2.7　GearDB 借鉴齿轮传动所设计的涉及多层的 Gear Compaction 合并机制 [32]

2.2.2　面向固态磁盘 SSD 的 LSM-tree 键值存储优化

dCompaction[33] 提出了虚拟 SSTable 的概念，如图 2.8 所示。其仅利用合并涉及的 SSTable 的元数据，在下层生成虚拟的 virtual SSTable，当合并所涉及的真实 SSTable 达到阈值时，才会触发真实的合并机制。dCompaction 通过虚拟合并机制延迟了真实合并的时机，降低了合并的频率，从而减轻了系统的写放大。在传统 LSM-tree 的合并机制中，如果所有涉及的上下层 Key 的重叠范围是比较稀疏的，则会造成较显著的写放大。

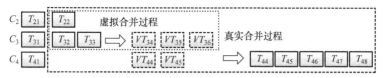

图 2.8　dCompaction 合并机制 [33] 利用虚拟 SSTable 降低合并发生的频率

PebblesDB[34] 参考跳表随机地选择生成 Guard 这种类似哨兵的结构，将整个 LSM-tree 进行纵向分割。如图 2.9 所示，在 Guard 内部可以累积多个重叠的数据片段，当达到阈值时，才触发 Guard 内的合并操作，这样利用 Guard 将 LSM-tree 分片，降低了合并时的 Key 重叠上限，并且积累足够的数据段后才触发合并操作。这样不仅减小合并时的粒度，也减轻合并带来的写放大，使写性能得到提升。

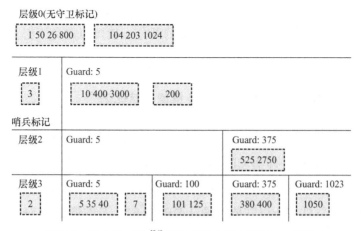

图 2.9　PebblesDB[34] 所采用的分段 LSM-tree 结构

LSM-trie[35] 提出了基于前缀哈希的 LSM-tree 结构，利用特定哈希函数将整个 LSM-tree 进行分区。每个分区内都存在着相同前缀的 SSTable，同级别的不同前缀组成了类似 LevelDB 中的层结构。当触发合并机制时，就可以遵循子节点的前缀分布相对均匀地完成合并操作，如图 2.10 所示。

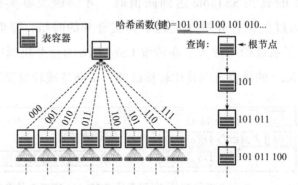

图 2.10　基于前缀哈希的 LSM-trie[35] 数据布局中，每个节点都代表了一个 SSTable 的容器

TRIAD[36] 在面对数据倾斜的情况下，提出了冷热数据分区，让热数据滞留在内存中，而将冷数据进行持久化存储。在触发合并机制时，设定一个重叠比例，只有上下层的 Key 重叠达到设定阈值时，才会选择进行合并，反之将推迟合并。此外，TRAID 为了减少 commit log 的重复写的问题，在 MemTable 触发合并至 L_0 层时，并不是将 MemTable 持久化，而是将 commit log 迁移至 L_0 层成为 CL-SSTable，进一步减少写入数据量。

VT-tree[37] 提出一种" stitching "机制来改善合并的性能，即当多个 SSTable 需要合并时，如果存在不重叠的部分，就可以避免不必要的读取和拷贝而直接指向目标 SSTable。

2.2.3　面向非易失性内存的 LSM-tree 键值存储优化

传统数据库 DBMS 在存储结构上大多采用符合存储硬件的三级存储结构，如图 2.11 所示，即有 CPUcache 层、DRAM 层和 HDD/SSD 3 个层次。而在这个三级存储层次结构中，由于 CPU Cache 层和 DRAM 层采用了掉电易失的存储元器件，所以需要在设计 DBMS 时，考虑将 DRAM 中的数据以一定的方式持久化，并设计相应的故障恢复机制，如常见的 WAL 日志机制等。NVM 的出现改变了传统的存储层次结构，对于数据库系统而言，产生的影响与变革是多方面的。

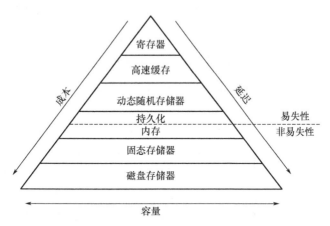

图 2.11　现代计算机存储介质的层次结构

尽管基于闪存的 SSD 在性能上较磁盘有了大幅度的提升，但是其访问方式还是基于较大粒度（页面 KB 级别），并不像 DRAM 可以提供按字节访问的方式，同时读写性能也比 DRAM 慢很多。因此，学术界和产业界的众多学者正在研究和设计性能更接近 DRAM、容量更大、支持按字节访问的新型非易失存储器（Non-Volatile Memory，NVM）。2019 年 4 月，英特尔公司推出了新型的非易失内存傲腾 Optane DC PMM，如图 2.11 所示。可以看到，NVM 的性能相比 SSD 有了更大的提升。在成本方面，目前来看，价格较 DRAM 还是高一些，但综合考虑服务器成本，实际的 NVM 的成本还是低于 DRAM。

在系统中添加持久化内存后，应用程序得到了用于数据放置的新层，如图 2.11 所示。在内存和存储层以外，持久化内存层可以提供比 DRAM 更大的容量、比传统存储更快的性能，而且断电之后存储的数据内容不会丢失。应用程序可以像 DRAM 内存一样原位更新持久化内存中的数据结构，而不用在内存和硬盘之间传输数据块。

MatrixKV[38] 分析了在 LSM-tree 键值存储中，$L_0 \rightarrow L_1$ 的合并机制是导致系统造成"写停顿"的重要原因。系统吞吐会周期性抖动掉到 0 是因为内存中的 MemTable 在进行插入时，如果后台 flush 进程没有完成，则会停顿。

同样，L_0 层的合并是所有数据一起进行的，I/O 粒度较大，此时 L_0 的合并也会导致上层用户的写入停滞。

如图 2.12 所示，在 MatrixKV 的设计中，将 L_0 层整体迁移到 SCM 中，并且将 flush 到 L_0 层的多个 MemTable 按照 Key range 进行按列细分，设计出基于列的细粒度合并机制（Column Compaction），使得 MatrixKV 减少了写入阻塞（Write Stall）的发生，使系统吞吐及尾延迟达到一个较好的效果。

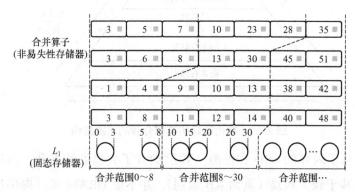

图 2.12 MatrixKV[38] 面向 NVM 的 Column Compaction 合并机制

SLM-DB（Single Level Merge DB）[39] 利 用 SCM 存 储 MemTable 和 ImmuTable MemTable（持久化的 MemTable）就可以去除 WAL 日志。如图 2.13 所示，不同于 LevelDB 采用的分层结构，SLM-DB 仅设计有单一 L_0 层存储所有的 SSTable 文件，因此可以有效降低写放大。另一方面，单层的无序性提升了写性能，但同时降低了读性能。为了解决这个问题，SLM-DB 增加了持久化的 B+Tree 索引结构，使得 LSM-DB 在读性能上也有很大的提升。SLM-DB 采用了基于 Key 重叠比率的选择合并机制，即从待合并的 SSTable 列表中选择一个和其他 SSTable 进行重叠 Key 部分的计算，然后选择比率最大的 SSTable 进行合并，以降低因为合并而导致的写放大。

为了利用 NVM 按字节寻址（Byte Addressability）的能力及低延迟的特点，NoveLSM[40] 提出了针对 NVM 重新设计的 LSM-tree 结构——NoveLSM，其结构如图 2.14 所示。其主要特点是，基于 NVM 的 MemTable 结构设计，避免了 In-Memory 与持久化存储之间的频繁序列化和反序列化开销，使得 NVM MemTable 可以原地修改，可以在 MemTable 上进行更新操作，减小由于 MemTable 刷回持久化带来的写入阻塞影响，并且提出了多级并行读取的设计（Optimistic Parallel Reads），降低了读延迟，增大了系统的吞吐带宽。

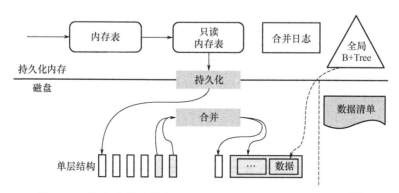

图 2.13　面向非易失性内存 NVM 的单层键值存储 SLM-DB[39]

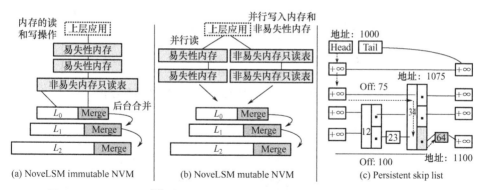

(a) NoveLSM immutable NVM　　(b) NoveLSM mutable NVM　　(c) Persistent skip list

图 2.14　NoveLSM[40] 利用 NVM 实现了易失性和非易失性两种 MemTable 数据结构及持久化跳表结构

LightKV[41] 提出了基于 DRAM、NVM 和 SSD 三者混合存储的键值存储系统，如图 2.15 所示，LightKV 提出了 Radix Hash Tree（RH-Tree）索引，其结构主要分为 3 部分：DRAM 部分的全局前缀哈希树索引结构、SCM 上的持久化的写缓存 PWB 及 SSD 上的主要数据存储。键值对会根据不同的前缀插入不同的 segment 中，当 segment 缓冲满了，则会刷回 SSD，形成类似 LevelDB 中的 SSTable 存储数据。由于 RH-Tree 采用了前缀树结构[42-44]，保证了键值对位于基于哈希结构的叶节点，进而实现了键值对的分区形式，使得 LightKV 在合并时，避免了传统 LSM-tree 键值合并机制中因 Key 重叠范围过大而造成的严重写放大问题。

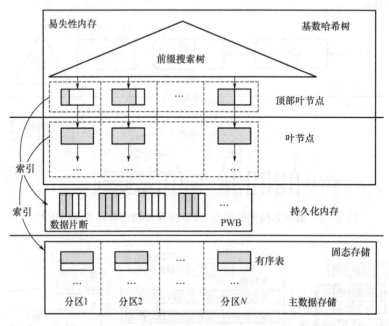

图 2.15　基于前缀哈希混合索引的 LightKV[41] 存储结构

归纳一下，LWC-tree[31]、GearDB[32] 等从新型高密度磁盘的角度对 LSM-tree 键值存储系统的合并机制提出优化，合并时尽可能减少磁盘的随机读写。dCompaction[33]、LSM-trie[45]、TRIAD[36]、VT-tree[37] 等基于固态闪存存储的 SSD，随机读写和顺序读写性能比较接近，因此合并时可以放松局部的有序性，增强系统的写能力，并且由于 SSD 的随机读能力较强，结合布隆过滤器的高效，可以有效降低局部无序带来的额外读开销。MatrixKV[38]、SLM-DB[39]、NoveLSM[40]、LightKV[41] 等利用 NVM 非易失性、按字节访问的特性，可以实现 NVM 内的数据结构的原位更新，同时实现分区更小粒度的合并机制。整体而言，通过将 LSM-tree 进行分区，降低合并时参与合并的数据规模，可以有效降低系统的尾延迟，提高系统的性能。

2.3　面向动态资源及负载的自适应优化

经过对相关工作的了解可知，现有 LSM-tree 键值存储系统的性能优化工作几乎都针对特定的静态工作负载，与实际的生产环境差异较大，缺乏对动态负载的适应能力。目前，基于新硬件的自适应键值存储系统的相关研究还比较少，多数工作基于键值存储参数的自动调优，并没有涉及 LSM-tree 键值存储内部机制的自适应优化，而我们将基于系统检测的参数自动调优和 LSM-tree 键值合并机制的自适应优化两部分工作合二为一，将 LSM-tree 键值存储系统内外结合，对键值存储系统的自适应工作实现进一步的创新。

CuttleTree[47] 通过系统运行时的实时数据采集分析 workload 的模式，动态调整 LSM-tree 键值存储系统的参数，以达到优化性能的作用，以此设计出自适应的 LSM-tree 键值存储系统。Monkey[46] 发现了现有的 LSM-tree 键值存储系统在读、写和空间三者之间的相互影响关系，如图 2.16 所示，即存在进一步的优化空间，通过对布隆过滤器（Bloom Filter）等参数的分层优化，每一层的布隆过滤都根据数据规模的大小分配不同的内存空间，从而最小化所有层布隆过滤的假阳率，最小化了最差情况下的读开销，实现了面向吞吐优化、内存空间优化、用户负载优化等多方面的自适应优化机制。

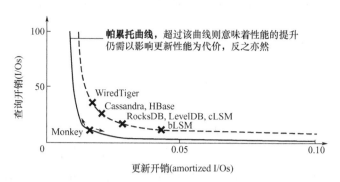

图 2.16　Monkey[46] 的优化遵循了帕累托优化原则

Dostoevsky[48] 对 LSM-tree 键值的读写、空间放大问题，从多个维度分析不同合并机制的 I/O 和空间开销。优化合并机制 lazying leveling 如图 2.17 所示。该机制通过调整合并的频率在 tiering、leveling 和 lazying leveling 几

种不同策略下的转换，适应了不同的任务负载，执行通过时动态计算最优的
参数方案，以达到最大吞吐。

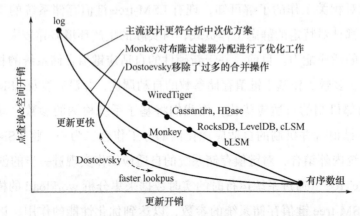

图 2.17 Dostoevsky[48] 综合读、写、范围查询、空间放大等达到最佳性能

由于在实际应用环境中键值存储系统所面临的 workload 是复杂多变
的，同时硬件资源也是实时变化的，如果能够根据实时系统监测反馈，为
键值存储系统提供一个自动调优机制，则可以有效降低数据库管理员的工
作复杂度，具有更大的实际应用意义。CuttleTree[47] 通过统计实时的工作负
载特征，调节键值存储系统的关键参数，使其达到更好的性能。Monkey[46]、
Dostoevsky[48] 等通过对 LSM-tree 键值内部机制的自适应调整，同样使系统
达到了自适应调优的效果。

2.4 基于机器学习的数据库系统性能自动优化

现有数据库的可配置参数选项多达数百个，仅依靠数据库管理员难以完
成整体数据库的调优工作。随着机器学习在数据库领域的应用的研究方向越
来越广泛，我们希望能将机器学习引入键值存储系统中，结合前面提到的优
化技术，使得智能键值存储系统能够在面对动态的软硬件环境、动态的任务
负载时仍然能够得到一个相对最优的性能状态。

帕夫洛（Pavlo）等人 [49] 提出，现代数据库管理系统真正需要的是可以
"自我驱动"的 DBMS，这个系统不仅可以根据当前的 workload 进行优化，

而且可以预测未来的 workload，并且不断调整自身。在支持所有之前的优化研究的同时，并不需要一个人去决定何时采用何种方法去实施优化措施。基于自我驱动的理念 Peloton[49] 被提出，如图 2.18 所示。其集成了深度学习框架来实现负载预测和调整数据库行为。

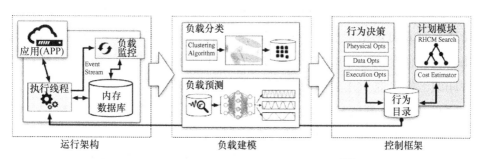

图 2.18　自我驱动的数据库管理系统 Peloton[49] 结构

对于现代数据库系统，如何调整数据库的参数使数据库系统达到一个最佳的性能 [50]，一直是 DBA 所关注的问题。随着数据库的不断发展，例如，常见的 MySQL[51]、PostgreSQL[18] 和 MongoDB[52] 各自的可调参数已经分别达到 215 个、247 个和 132 个 [53]，可以说人工调优已经不可行了，而且对多种参数的调优本身就是一个 NP-hard 的难题，DBA 也只能够依靠经验调整一小部分参数，以达到一个相对较好的性能。

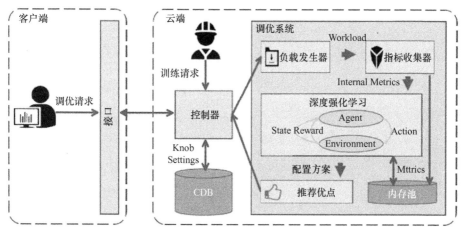

图 2.19　基于深度强化学习的数据库自动调优系统 CDBTune[54]

BestConfig[55] 使用启发式算法搜索历史上的优化调整方案，但是这个优化调整方案可能不存在。OtterTune[56]利用机器学习技术收集、处理和分析DBA 在历史上的调整优化的数据，但是依赖了大量基于 DBA 的经验数据进行训练。CDBTune[54]利用深度强化学习（DRL）并通过 try-and-error 策略完成模型训练。由于 CDBTune 需要运行多次 SQL 语句来获取合适的配置参数，因此造成较大的时间开销，而且相对来说调整比较粗粒度，缺乏对一些特殊 workload 的适应能力，并且使用了现有的深度强化学习模型，不能利用查询信息更好地去调整和适应环境的变化。在此基础上，Qtune[57]针对这些问题，将查询 SQL 进行细致分类，包括查询类型、表格及查询开销，并将这些因素传入深度强化模型中，以更好地、智能地调整数据库参数。

随着现代数据库系统的结构设计越来越复杂，人工 DBA 的优化调整基本上不可能胜任现在大数据环境下的性能调优。常见的 MySQL、PostgreSQL 和 MongoDB 各自的可调参数已经达到上百个，同时，复杂多变的负载环境也要求数据库系统能够实时对工作负载作出反应，因此，智能参数调优及智能索引结构等自适应的数据库会成为数据库系统未来的发展方向。

第3章 面向新型存储硬件的 LSM-tree 合并机制优化

基于 LSM-tree 的键值存储系统已经在传统的 SQL 系统和新兴的 NoSQL 系统中得到了广泛的应用，涉及社交网络、生物信息处理、图存储和机器学习等方面。LSM-tree 键值存储系统累积批量处理写入数据的方式有效提升了写入性能和空间利用率，但是，LSM-tree 合并机制存在的写放大问题影响了键值存储系统的性能和存储设备的使用寿命。虽然通过推迟合并时机、累积数据批量处理可以提升系统吞吐性能，但是推后合并操作会引入严重的尾延迟问题，并导致系统性能抖动，无法及时响应用户请求。针对上层驱动合并机制在吞吐和尾延迟方面的不足，本章提出了一种新型的底层驱动合并机制 LDC（Lower-level Driven Compaction）。LDC 改变了传统合并机制由 LSM-tree 上层结构触发的限制，改为由下层结构来控制触发合并的时机，这是由于 LDC 可以控制合并操作的粒度，同时可以有效降低写放大问题，减少对系统吞吐和延迟等性能的影响。通过实验发现，相比传统上层驱动合并机制，LDC 能够使尾延迟有效减少 38%，并且取得 56.7% ~ 72.3% 的吞吐性能提升。

3.1 引言

键值存储系统已经逐步成为很多 NoSQL 系统和 SQL 系统底层的存储引擎，如 BigTable[2]、Cassandra[3]、HBase[4]、HAWQ[58]、TiDB[59] 和 CockroachDB 等。在应用场景上，包含社交网络 [6]、生物信息相关 [60]、图计算存储 [7] 及现在流行的机器学习相关 [8] 等，都利用键值存储系统高效存取数据。广泛使用的关系数据库 MySQL[9] 在脸书公司自身业务的驱使下，利用 LSM-tree 键值存储系统 RocksDB[13] 替换本身的 innoDB[10]，实现了 MyRocks 存储系统[61]，有效提升了在线社交网络数据存储的性能。

一方面，随着社交网络、自媒体等新兴应用的发展，在线数据访问的模式逐渐从读为主过渡到读写混合的用户负载特征，因此，LSM-tree 键值存储系统成为大数据应用的有利选择。LSM-tree 键值存储系统利用内存结构累积数据，批量持久化数据，同时将随机的写请求通过类似日志追加的方式转变为存储设备的顺序写入，提升了系统处理数据的吞吐能力。

另一方面，新型存储设备如 SSD 的成本不断降低、容量大幅提升，相比传统磁盘拥有更快的访问速度、更大规模的数据吞吐能力，很多企业应用选择利用 SSD 加速。虽然 LSM-tree 在写放大方面相比 B-tree 已经有了很大优势，但对于大规模数据量的写入，LSM-tree 的写放大问题能否充分发挥 SSD 寿命和性能优势，仍然是一个非常关键的因素。

本章的主要内容如下。

（1）打破了传统上层驱动合并机制的限制

本章提出了一种新型的底层驱动合并机制 LDC，通过逻辑上的切片减少了写放大，提升了系统吞吐性能，同时解决了传统合并操作过程中数据规模不可控的问题，降低了尾延迟对系统服务的影响。

（2）在吞吐和延迟两个维度提升了 LSM-tree 键值存储系统的性能

将 LDC 在广泛应用的 LSM-tree 键值存储系统 LevelDB 上实现，经实验测试发现，能够减少 60% 以上的延迟影响，能够有效提升在线数据应用服务质量。

（3）面向新型存储硬件 SSD 的专门优化

本章所提出的 LDC 机制是专门面向固态存储 SSD 进行的优化，不仅提升了 LSM-tree 键值存储系统的性能，而且有效减少了合并操作带来的 I/O 量，可达 50%，有助于延长 SSD 等设备的使用寿命。

3.2　问题描述

LSM-tree 结构的提出背景是主要的存储设备还是机械磁盘，随机读写性能和顺序读写差距较大。随着基于闪存的 SSD 存储设备的出现，设备的读写性能得到了进一步的提高，但是闪存芯片有限的擦写寿命限制了在某些场景的应用。因此，本节从新型存储硬件 SSD 的角度出发，介绍 LSM-tree 键值存储系统在性能优化方面存在的一些问题。

3.2.1　LSM-tree的写放大问题

有代表性的 LSM-tree 键值存储系统——LevelDB[21] 如图 3.1 所示。由图可见，用户写入请求会经历易失性内存和持久化存储层两个层次。易失性内存部分的 MemTable 起到了缓冲积累数据的作用，到达阈值后才会批量持久化为 SSTable。整个持久化层依照扇出系数成比例地逐层增加最大容量限制。当某一层（L_i 层）的容量超过限制值时，选出一个 SSTable T 与下层进行合并。这个过程被称为 LSM-tree 的合并机制，即根据上下层键值覆盖范围情况，将所有文件载入内存进行数据重组更新、空间回收等操作，目的也是降低 LSM-tree 的空间占用，完成垃圾回收，提升系统读写性能。

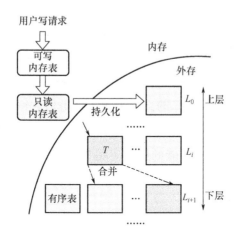

图 3.1　LSM-tree 键值存储系统的写入流程和传统的上层驱动合并过程

由上层 SSTable 触发而后向下合并的操作过程也称为上层驱动的合并机制（Upper-level Driven Comapction，UDC）。但是，由于上层被选择的 SSTable 键值范围和下层 SSTable 的覆盖范围并不可控，有可能仅有数个键值对的共有重叠部分，其余非重叠部分的键值数据依然需要载入内存，需要在合并完成后生成新的 SSTable 并存储于下层空间，那么，这些原本不需要进行 I/O 操作的数据重写过程就是 LSM-tree 写入过程中引入的写放大。见定义 3.1。

【定义 3.1】写放大（Write Amplification）。在数据写入过程中，实际产生的 I/O 数据写入规模大于用户需要写入的数据量。

写放大问题会影响系统的性能，更严重的是会大幅减少存储设备的写入寿命，例如，基于有限擦写次数闪存的 SSD 使得寿命快速下降，推高了系统运维的成本。

通过对经典的 LSM-tree 键值存储系统 LevelDB[21] 利用 perf[62-63] 性能监测工具，记录在 1 千万个键值数据插入完成后各个主要函数模块的时间开销。实验结果见表 3.1。由表可发现，合并操作运行时长占到了总时间的 60% 以上。

表 3.1   LSM-tree 键值存储系统 LevelDB 中函数模块的时间开销

函数模块	运行时间占比 /%
DoCompactionWork	61.40
filesystem（kernel）	20.90
DoWrite	8.04
Others	9.66

同时，可以看到排名第二的文件系统也是键值存储系统可以进行优化的主要研究方向，例如，三星公司提出的专门用于键值存储的 KVSSD[64]，降低了文件系统对键值系统性能的影响。另外，在第 2 章的 LSM-tree 结构分析和相关研究工作中也可以发现，合并操作确实成为影响 LSM-tree 键值存储系统性能的关键因素。

3.2.2   LSM-tree 性能抖动延迟问题

在云存储时代，系统的服务质量（Quality of Service，QoS）也成为评价存储系统的重要指标。对于 LSM-tree 键值存储系统来说，影响用户体验最直接的就是吞吐性能和响应延迟，即使是小概率偶发的性能抖动，如尾延迟问题，在某些应用场景下也可能是非常严重的问题。

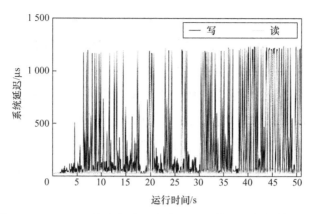

图 3.2　LSM-tree 键值存储系统读写数据产生的系统性能抖动

前面提出并分析了 LSM-tree 键值存储的写放大问题，其出现主要是由于合并机制不可控，即每一次合并操作中所涉及的 I/O 规模间的差异都非常大。一旦合并操作的 I/O 规模接近存储设备的带宽上限，就必然导致用户访问请求延迟或者暂停，会表现出明显的性能抖动，响应延迟增高，给用户带来极差的使用体验。因此，本章从这两个问题出发，对现有的合并机制进行优化，实现在吞吐性能和响应延迟方面的进一步提升。

3.2.3　相关研究

本小节简要介绍面向新型存储硬件的 LSM-tree 键值存储系统优化的相关工作，主要涉及以下几方面。

（1）推迟合并时机

在解决 LSM-tree 合并机制带来的写放大问题时，有很多工作选择采用推迟合并、累积足量数据的方法来对抗写放大。前面已经介绍过一些 LSM-tree 合并机制的相关工作，如 dCompaction[33] 提出虚拟 SSTable 的概念，即延迟并积累数据，确保在真实触发合并后可以减轻写放大的影响。

（2）控制合并规模粒度

还有一类是阶梯合并机制（Size-tiered Compaction）[65]，Cassandra 采用了这种机制。SSTable 的大小不像层级合并（Levelled Compaction）那样统一大小，而是随着层级增大，SSTable 容量也在增大。这种方式确实有效降低了写放大，但是对于读性能的影响非常严重，并不适合一般读写混合的应用场景。PebblesDB[34]提出利用"守卫"的概念对 SLM-tree 进行分区处理，利用 Guard 结构对 LSM-tree 的键值范围做了一个切分，人为限制了每次合并操作上下层之间可以容纳的最大键值区间，相比 Size-tiered 的方式，PebblesDB 实现了更为精细粒度的合并机制。类似这样的思路同样可以应用在 B-tree[66]等结构上，即在实现空间回收、数据重分布的过程中，利用一定的限制条件控制该过程的规模和粒度，对于系统性能的平顺性、服务质量的提升非常有意义。

（3）面向 SSD 介质的优化

基于闪存的 SSD 存储相比传统磁盘提供了更加优异的随机读写性能。但是，SSD 本身闪存颗粒的寿命受介质的影响，导致写入次数会有一定的限制[67]，当超过寿命之后，数据的可靠性及访问性能都会有不同程度的下降。面向 SSD 优化[68]的键值存储系统通常面向 SSD 的随机读写能力，例如利用哈希结构[69]加速点查询性能的 FAWN[70]和 Flashstore[71]，但是需要较大的内存空间来保持索引结构。NoFTL-KV[72]更是深入 SSD 存储内部的 I/O 栈进行深度优化，利用软硬件结合的方式提升键值存储系统性能。但是，这样相对比较极端的优化方案使得其适用场景相对比较狭窄，牺牲了部分键值存储系统的通用性。

因此，本章的重点在合并机制优化方面，dCompaction[33]和 PebblesDB[34]在一些极端键值范围覆盖稀疏的情况下，仍然不可避免地带来了严重的写放大问题。针对这个问题，本章提出了底层驱动合并机制，基于 SSD 优异的随机读写性能，进一步解决了 LSM-tree 键值存储系统的写放大和延迟抖动等影响服务质量的关键问题。

3.3 底层驱动合并机制的设计与实现

传统上，层驱动合并机制（Upper-level Driven Compaction，UDC）由于 LSM-tree 上下层的容量差异，可能会使上层一个 SSTable 在合并时面临重叠覆盖下层所有 SSTable 的可能，造成严重的写放大。当上层选定的 SSTable

触发合并时，合并的触发操作是即时完成的，在极端情况下，如果仅有数个 Key 重叠，也需要将整个 SSTable 载入内存并重写生成新的数据文件，写放大较严重。因此，本章提出了底层驱动合并机制（Lower-level Driven Compaction，LDC），重点解决 LSM-tree 合并的写放大问题，改善系统性能和延迟影响。为了方便描述 LDC 在 LSM-tree 键值存储系统中的设计和实现原理，将所涉及的结构模型等符号的定义展示列出，见表 3.2。

表 3.2　LDC 结构模型符号定义表

符号定义	符号描述
k	LSM-tree 的扇出值
b	SSTable 的容量
n	LSM-tree 总的数据量
u	LSM-tree 第 L_0 层所容纳的无序 SSTable 数量
th_w, th_r, th	LSM-tree 键值存储的写吞吐、读吞吐和总吞吐
th_w^{ssd}, th_r^{ssd}	SSD 的写吞吐和读吞吐
a_w, a_r	LSM-tree 键值存储的写放大率和读放大率
r_w	用户负载中写请求的占比
tl_w	写操作的尾延迟
c	合并触发时上层涉及 SSTable 的数量

3.3.1　底层驱动合并机制整体设计

本小节主要介绍底层驱动合并机制的整体设计思路和实现的基本原理。现有合并机制的优化方案大多是在传统 UDC 的基础上进一步优化，而 LDC 是不同于 UDC 的一种全新的 LSM-tree 合并方法，其从控制合并规模粒度入手，同时实现对吞吐性能和延迟方面的优化。

1. 底层驱动合并机制的基本设计思路

在本章相关工作的介绍中，提到了延迟合并的优化思路。最简单粗暴的暂停合并方法确实可以有效提升当前系统的写入性能，但也会带来空间和读性能方面的副作用。LDC 虽然也遵循推迟合并的设计思路，但为了保证系统的可持续运行和服务的平顺性，实际上通过推迟合并将待合并的 I/O 规模保持在一定范围之内，即采取粒度可控的合并机制。

2. 底层驱动合并机制实现的基本原理

传统 UDC 在触发合并操作后，通过键值重叠范围确定下层待合并的 SSTable 集合，然后将上下层涉及合并的文件载入内存中进行合并操作，最后于下层生成新的 SSTable 集合。UDC 的合并过程基本是一气呵成的，这也导致没有办法控制合并的规模粒度。

而 LDC 将传统的合并过程拆分为两个阶段。第一个阶段为推迟累积重合数据片段的链接（Link）阶段，这个阶段并没有真实的 I/O 发生。当累积的数据片段达到预设条件后，进入第二个阶段，才会通过真实的 I/O 操作完成合并（Merge）阶段。

Link 阶段：如图 3.3（a）所示，Link 的触发遵循传统的合并触发机制，通过对每层容量的打分机制决定在哪一层进行合并操作。触发 Link 操作后，将选定 SSTable A 根据下层键值重叠范围，进行对 A 的切片链接。这里不涉及真实数据的操作，只是通过很小的元数据从逻辑上将 A 分割。A 被分割成 3 份，分别链接到 B、C 和 D 这 3 个 SSTable。

Merge 阶段：如图 3.3（b）所示，当下层链接的数据片段 SliceLink 数量达到阈值时就开始进行 Merge 操作，Merge 操作将位于冻结区域（定义 3.2）的上层 SSTable 按照链接的数据片段 SliceLink 元数据的键值范围和底层被链接的 C 进行归并排序工作，合并完成后于下层生成新的 SSTable。

【定义 3.2】冻结区域（Frozen Region）。当上层的 SSTable 完成 LDC 的 Link 阶段后，通过元数据标记覆盖键值范围，然后移出当前 LSM-tree 结构，进入该区域冻结，仅当其引用计数为 0 后随即被清理回收。

从以上两个阶段可以看到，整体的合并粒度相比传统合并要小很多，下层的触发由下层单个 SSTable 来参与。同时，由于触发 Merge 阶段的阈值是由 Link 阶段的 SliceLink 的数量决定的，整体的合并规模粒度是可以控制的，因此，尾延迟的问题可以得到有效的改善。另外，触发 Merge 的阈值可以决定 LSM-tree 键值存储系统的整体性能是偏向读还是偏向写，将阈值提高以实现推迟合并的时机，有利于写吞吐的提升。

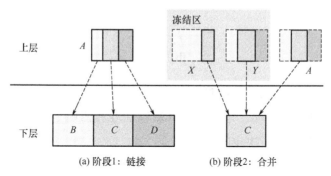

图 3.3　LDC 的基本原理

3. 底层驱动合并机制的性能模型分析

底层驱动合并机制相关的性能模型符号定义见表 3.2。假设 LSM-tree 的扇出系数为 k，每个 SSTable 的大小为 b，总体 LSM-tree 存储的数据量 n。通过简单计算可得到构成 LSM-tree 的 SSTable 总数为 n/b，LSM-tree 的高度为 $\log_k(n/b)$ [65]。在 LSM-tree 的 L_0 层比较特殊，最大数量为 u 的 SSTable 之间的键值范围是有重叠的，因此在 L_0 的读请求需要遍历每一个 SSTable。第 2 章已经对 LSM-tree 相关的结构做了一些介绍，这里重点介绍与 LDC 相关的性能模型分析。

（1）系统吞吐

如式（3.1）所示，系统吞吐分为写吞吐性能 $\mathrm{th_w}$ 和读吞吐性能 $\mathrm{th_r}$。$\mathrm{th_w^{ssd}}$ 和 $\mathrm{th_r^{ssd}}$ 分别代表了 SSD 的写带宽和读带宽，a_w 和 a_r 分别代表了 LSM-tree 的读放大率和写放大率（见定义 3.1 和定义 3.3）。

$$\mathrm{th_w} = \mathrm{th_w^{ssd}}/a_w \qquad (3.1)$$

$$\mathrm{th_r} = \mathrm{th_r^{ssd}}/a_r \qquad (3.2)$$

通常 SSD 的读性能要好于写性能，因此 $\mathrm{th_r^{ssd}}$ 的数值通常会大于 $\mathrm{th_w^{ssd}}$。

假设 r_w 代表了负载中写入请求的比例，可以简单地得到系统整体的吞吐性能 th：

$$th = \cfrac{1}{\cfrac{r_w}{th_w} + \cfrac{1-r_w}{th_r}} \qquad (3.3)$$

可以看到，SSD 的读、写性能共同决定了混合负载下的总体带宽，这是因为在 SSD 的内部，读、写操作本身就存在互相影响的概率，这也是由闪存介质的读、写特性所决定的。

LDC 相比 UDC 有效降低了写放大率，对于吞吐性能的提升非常有效。尽管增加了读放大的问题，但是由于布隆过滤器和 SSD 优异的读性能，使得 LDC 的读影响并不会太大。

（2）系统尾延迟

回顾图 3.2，有些延迟数值可以达到 1ms。这实际上源于合并机制的问题，这里引入了写操作的尾延迟 tl_w：

$$tl_w = t_{Compaction} + t_w = \frac{(k+1)cb}{th_w^{ssd} - th_r} + p \qquad (3.4)$$

式中，t_w 代表数据写入 MemTable 的时间开销，内存写入时间很小，因此以常量 p 代替，本身几乎可以忽略。c 代表被选择参加合并操作的 SSTable 数量，th_r 是存储设备运行合并操作时平均的读带宽。

在 LDC 中，由于 Link 阶段的存在，可以使得 k 始终保持在 1 的附近，即写放大基本为 1。因此，可以是分子变小，即控制合并粒度的方法可以有效降低尾延迟。

（3）LDC 的读写放大率

传统的推迟合并机制[13][33-34]能够通过推迟减少一部分合并操作，减少写放大的影响，但是并没有从根本上解决写放大的原因。这是因为传统 UDC 在触发合并时，不可能预测到上下层的覆盖范围，而且一旦触发就进行实际的 I/O，尽管推迟可以有效提升写入性能，但是没有办法解决写放大。

正如定理 3.1 所示，基于传统 UDC 机制的 LSM-tree 键值写放大始终会受扇出系数 k 倍的写放大影响。

【定理 3.1】LSM-tree 的写放大率（Write Amplification Rate），在 UDC 中表示为 $O(k\log_k(n/b))$。

证明：SSTable 的总数量为 n/b，并且当前层的容量限制是上一层的 k 倍，因此 LSM-tree 的高度约为 $\log_k(n/b)$。在每一次合并机制触发时，假设仅一个 SSTable 被选择与下层执行合并操作。因为下层容量是该层的 k 倍，那么与下层可能存在键值重叠的 SSTable 数量即 $O(k)$。因此，考虑到新生成的 SSTable 仍有可能再次参与合并，最终生成到最底层，数据会被重写为 $O(k\log_k(n/b))$，因此写放大率为 $O(k\log_k(n/b))$。

【定理 3.2】LDC 的写放大率，在 LDC 中表示为 $O(\log_k(n/b))$。

证明：参照定理 3.1，在 LDC 中，Link 阶段会记录当前 SSTable 所链接的 SliceLink 数量，保证累积一定数量后再触发 Merge 阶段，该操作尽可能保证了合并中双方的数据规模基本接近 1，即 k 约为 1，所以 LDC 的写放大率为 $O(\log_k(n/b))$。

LDC 将合并机制拆分为两个阶段：①通过在 Link 阶段进行累积和计算将写放大率降低到可接受范围内；②保证写放大始终保持在一个相对稳定的范围内。因此，LDC 的写放大率通过两阶段合并算法将系数 k 尽可能稳定在 1 附近，如定理 3.2 所示。

【定理 3.3】LSM-tree 的读放大率（Read Amplification Rate），在传统 UDC 中表示为 $O(\log_k(n/b)+u)$。

证明：这里假设 LSM-tree 的每一层都处于满数据状态。当读请求到来时，要按照从顶层到底层的顺序逐层查找，由于多数 LSM-tree 键值存储系统为了保证写入吞吐性能，在第 L_0 层的 SSTable 通常无序存放。这就意味着多个无序的 SSTable 都需要被查询。因此，在 LSM-tree 键值存储系统中的读放大由层高和第 L_0 层的无序 SSTable 数量共同决定，

即 $O(\log_k(n/b)+u)$。

【定理 3.4】LDC 的读放大率（Read Amplification Rate），在 LDC 中表示为 $O(k\log_k(n/b)+u)$。

证明：在定理 3.3 的基础上，LDC 机制会使一部分 SSTable 上面 Link 有 SliceLink 数据片段，读操作则首先去检查链接对象，然后才检查本体 SSTable。LDC 为了对抗 k 倍的写放大，所设定的 Link 阈值在数值上也是接近 k 的，因此引入了额外的读开销，则读放大的复杂度情况增加到 $O(k\log_k(n/b)+u)$。但是，通过布隆过滤器对于读操作的有效过滤，使得 LDC 的读开销实际介于 $O(k\log_k(n/b)+u)$ 和 $O(\log_k(n/b)+u)$ 之间，从实验角度来看，基本可以接近 $O(\log_k(n/b)+u)$。

3.3.2 底层驱动合并机制的实现

本小节首先重点介绍底层驱动合并机制的读写流程实现细节，然后引出底层驱动合并机制的核心，即两阶段合并算法，并且将通过伪代码的形式详细介绍 Link 阶段和 Merge 阶段各自的实现细节。

1. 底层驱动合并机制下的读写流程

LDC 改变了 LSM-tree 传统的写入流程，这里简要介绍一下 LDC 下的读写流程。

（1）LDC 机制下的写操作流程

整体的写入流程依然遵循传统 UDC 机制下的步骤，用户写入的键值数据同样首先存储于内存结构 MemTable 中，持久化后成为 SSTable 文件。某一层的 SSTable 容量通过打分筛选成为待合并层级，然后层内以轮换的形式成为待合并目标，如图 3.4 所示，并进入 LDC 的 Link 阶段。

在这里，SSTable A 通过键值范围计算可以覆盖下层的 3 个 SSTable B、C 和 D，对应的覆盖键值范围为 kr_1、kr_2 和 kr_3。因此，B、C 和 D 各取得 A 的一部分数据片段，即 SliceLink A_1、A_2 和 A_3。而此时处于冷冻区域的 A

的引用计数为 3，由于 SliceLink 仅是存储的元数据信息，实际键值信息仍需要从 A 中读取，因此，只有 A 的引用计数减为 0 后，才可以将其清理回收。

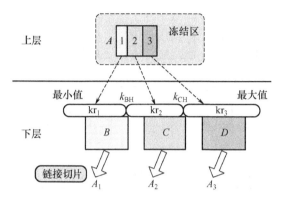

图 3.4　LDC 中的 Link 阶段

随着数据的持续写入，Link 操作被不断触发。当键值存储系统状态处于图 3.5（a）中的状态时，SSTable D 所链接的数据片段 SliceLink 数量达到了触发合并的条件。此时，D 的 Link 情况为 A_3、B_1 和 C_2 共 3 个。此时，开始执行 Merge 操作，SSTable D 和其 Link 的 A_3、B_1 和 C_2 数据都将载入内存，通过真实的 I/O 操作完成合并过程。

合并完成之后则进入如图 3.5（b）所示的合并后的收尾部分，此时可以看到，冷冻区域的 A 的引用计数减为 2，B 和 C 的引用计数减为 0，因此，B 和 C 可以从冷冻区域清理出去，回收其所占据的存储空间。合并完成后，生成了新的 SSTable D' 和 D''。至此，LDC 的写入流程完毕。

（2）LDC 机制下的读操作流程

由于 LDC 引入了新的数据结构 SliceLink，因此对于读流程也需要进行相应的修改。这里仍然以图 3.5（a）为例。在读操作从内存 MemTable 转移到持久化的 SSTable 进行查找时，找到 SSTableD，由于其上面附有 SliceLink 数据，由 LDC 的原理可知，SliceLink 对应的数据原本属于上层，所以是更新版本的，因此，读流程首先需要遍历 SliceLink，从链接的次序来看，显然后链接的 SliceLink 对应的数据为更新的版本。

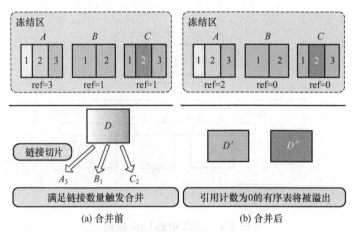

(a) 合并前   (b) 合并后

图 3.5   LDC 中的 Merge 阶段

2. LDC 的两阶段合并算法（Two-phase Compaction）

【算法 3.1】描述 LDC 的 Link 阶段的实现。首先，遵循传统筛选机制得到待合并的上层 SSTable s_u，通过计算与下层 SSTable 的键值的覆盖范围，得到所需的下层 SSTable 集合 S_l（Line2）。然后，将 s_u 冻结，即从逻辑上移出当前的 LSM-tree 结构，进入冷冻区域（Line3）。随后，进入循环，对每个 S_l 中的元素 s_l 都创建基于元数据的 SliceLink 数据片段（Line6），并添加到下层 s_l 对应的 SSTable。由于此时 s_u 并没有进行真实的合并 I/O 阶段，所以需要通过引用计数的方式进行标记（Line7），因为只有全部标记的 SliceLink 完成真实合并操作后，s_u 才可以被废弃回收。由于此次为下层 s_l 增加了一个 SliceLink，有可能达到触发合并操作的限制条件 T_s（Line8），如果不满足，则该 s_l 结束 Link 阶段。如果满足限制条件，则进入 Merge 阶段。

算法 3.1　底层驱动合并机制 LDC：链接 Link 阶段

输入：待链接的上层目标 SSTable s_u

1：**function** Link(s_u)：
2：　　$S_l \leftarrow$ getOverlappedLowerSSTs(s_u)
3：　　freeze(s_u)
4：　　**for each** $s_l \in S_l$ **do**
5：　　　slice $\leftarrow$ createFileSlice(s_u, s_l)
6：　　　s_l.addSliceLink(slice)
7：　　　s_u.reference $\leftarrow s_u$.reference+1
8：　　　**if** getSlicesNum(s_l)$\geq T_s$ **then**
9：　　　　Merge(s_l)
10：　　　**end if**
11：　　**end for**
12：**end function**

【算法 3.2】描述 LDC 的 Merge 阶段的实现。在算法 3.1 中满足合并条件后，进入 Merge 阶段。首先，待合并的 SSTable s_l 通过自身的 SliceLink 信息获取合并所需的 SSTable 集合 C（Line2），然后，将其载入内存中（Line3），随后将二者进行合并操作（Line4），产生更新后的 SSTable 集合 S（Line5），并对其进行持久化操作（Line7）。至此，完成合并操作的 SSTable s_l 不再被需要，将对其进行回收清理。随后，也要对处理冷冻区域的 SSTable 进行处理，相应的引用计数减 1（Line12）。当引用计数为 0 后，就将该 SSTable s_u 回收，释放空间（Line14）。至此，LDC 的 Merge 阶段完成。

算法 3.2　底层驱动合并机制 LDC：合并 Merge 阶段

输入：待合并的下层目标 SSTables s_i

1：**function** Merge(s_l)：
2：　　$C \leftarrow$ getLinkedSlices(s_l)；
3：　　$D \leftarrow$ loadData(s_l, C)；

4：	$M \leftarrow$ doMergeSort(D);
5：	$S \leftarrow$ generateNewSSTs(M);
6：	**for each** $s \in S$ **do**
7：	flush(s);
8：	**end for**
9：	removeSST(s_l);
10：	**for each** $c \in C$ **do**
11：	$s_u \leftarrow$ getSST(c);
12：	s_u.reference$\leftarrow s_u$.reference-1;
13：	**if** s_u.reference$==0$ **then**
14：	removeSST(s_u);
15：	**end if**
16：	**end for**
17：	**end function**

3.4 实验评估

本节将对 LDC 的实际性能表现进行测试评估，整体机制实现基于代表性开源 LSM-tree 键值存储系统 LevelDB[21]，其还是受谷歌提出的 BigTable[2] 启发设计出的一套基于 C++ 实现的键值数据库。实验测试评估主要从 LDC 对 LSM-tree 键值存储系统的吞吐性能提升、尾延迟影响改善，以及合并过程中内部 I/O 数据规模等方面进行测评。

3.4.1 实验测试环境配置

实验测试环境基于 Linux 发行版 Ubuntu 14.04.1。存储设备为企业级 Memblaze Q520 PCIe SSD 固态硬盘，容量为 800GB。键值性能评测工具采用 YCSB[63] 测试，选择的是基于 C++ 实现的版本 YCSB-C[73]。测试键值选取 Key 为 16B，Value 为 1KB，单次测试操作数量约为 10MB，数据规模约为 10GB，测试负载包含不同读写比例的单点查询及范围查询。

测试负载见表 3.3，主要包括单点查询和范围查询两个类别，每个类别又包含纯读写负载和读写混合负载。

表 3.3　评测工具 YCSB 在实验测试中使用的负载信息

负载名称	负载类型	负载信息
WO	—	Write Only（100% 写）
WH	单点查询	Write Heavy（70% 写，30% 读）
RWB	单点查询	Read/Write Balanced（50% 写，50% 读）
RH	单点查询	Read Heavy（30% 写，70% 读）
RO	单点查询	Read Only（0% 写，100% 读）
SCN-WH	范围查询	Write Heavy（70% 写，30% 读）
SCN-RWB	范围查询	Read/Write Balanced（50% 写，50% 读）
SCN-RH	范围查询	Read Heavy（30% 写，70% 读）

3.4.2　吞吐性能测试

LDC 的吞吐性能测试结果如图 3.6 所示，测试分别从单点查询性能和范围查询性能两方面与传统 UDC 进行比较。测试负载的键值数量为 10MB，键值分布采用 uniform 均匀分布，Key 为 16B，Value 为 1KB。

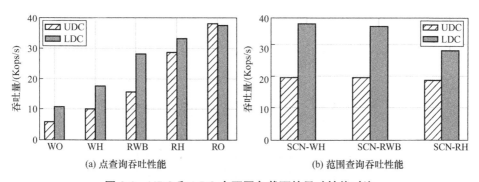

(a) 点查询吞吐性能　　　　(b) 范围查询吞吐性能

图 3.6　UDC 和 LDC 在不同负载下的吞吐性能对比

（1）WO、WH、RWB 和 RH 负载测试

从图 3.6（a）的测试结果可以看出，LDC 相比 UDC 在写为主的负载 RH

测试中取得了 78.0% 的吞吐性能提升，在读写均衡的负载 RWB 中，LDC 相比 UDC 可以提升 80.2%。正如式（3.2）所描述的，当 LDC 使得 LSM-tree 键值存储系统的读写性能达到平衡时，可以进一步有效提升吞吐性能。

读为主的负载 RH 吞吐性能仅有小幅度的提升，这是因为写操作所引起的合并 I/O 规模较小，相比 UDC 仅有 16% 的吞吐性能提升。LDC 在 3 种读写混合负载 WH、RWB 和 RH 下，对吞吐性能的提升可以达到平均 56.7% 的水平。

（2）只读负载 RO 测试

LDC 通过追加链接数据片段 SliceLink 的方式累积、推迟合并操作的时机，通过控制合并粒度来确保延迟影响的可控性。因此，对于纯读负载 RO，LDC 机制确实会影响系统的读性能。而 LSM-tree 键值存储系统通常采用布隆过滤器[74] 来减少读操作的 I/O 开销，有效提升了系统读性能。

为了改善 LDC 的读性能，实验对影响布隆过滤器的关键参数 bit-per-key 进行了测试，通过对图 3.7 的实验结果分析可知，当取值超过 16 后，对于读性能的提升就非常有限了，实际上就是因为布隆过滤器这种存在型索引结构的正确率不会进一步上升。因此，布隆过滤器的 bit-per-key 参数设置在 8 ~ 16 就已经可以保证在实际应用中具有较好的读性能了。因此，通过改变 SliceLink 的数量及增加布隆过滤器的比特位数，仍然可以保证 LDC 获得接近 UDC 的读性能。

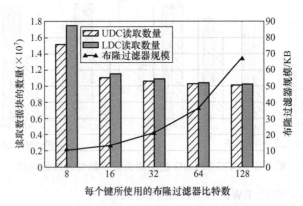

图 3.7　不同布隆过滤器大小对读性能的影响

（3）范围查询负载 SCN-WH、SCN-RWB 和 SCN-RH 测试

测试结果如图 3.6（b）所示，所采用的范围查询的负载键值数量平均为 100，操作数量为 10MB。LDC 在范围查询负载中相比 UDC 取得吞吐性能提升，分别为在 SCN-WH 负载下提升 86.2%，在 SCN-RWB 负载下提升 81.1%，在 SCN-RH 负载下提升 49.1%。在整体范围查询负载下，LDC 可以平均提升吞吐性能达 72.3%。

回顾 LDC 实现的原理，两阶段合并算法可以有效降低 LSM-tree 的写放大影响。由于 LDC 降低了 LSM-tree 键值存储系统的写放大，降低了合并机制产生的 I/O 规模和粒度，因此有效减少了与用户对系统 I/O 资源竞争的现象。

（4）不同键值数据分布的吞吐性能

在使用 YCSB[73] 进行测试时，通常需要设置生成数据所需要的概率分布，如概率均匀的 uniform 分布和偏向热点的 Zipf 分布。两种分布的操作数量均为 20MB，Zipf 分布进一步按照 YCSB 内部数据倾斜程度常量分为 Zipf1 ~ Zipf5，即常量值越大，意味着数据访问更加倾向于热点键值数据。

一方面，相比于均匀的 uniform 分布，符合 Zipf 分布的操作可以有效利用系统的缓存结构，访问数据的吞吐能力会更高一些。另一方面，从 LSM-tree 合并机制角度来看，分布倾斜的键值对在合并过程中会引入较小的写放大现象，uniform 分布下写放大问题更加明显。由图 3.8 可以看到，UDC 和 LDC 随着 Zipf 常量的增加，吞吐性能也在逐步上升。但是，LDC 在 Zipf 分布下对系统吞吐的性能提升作用更加显著，例如，在 uniform 分布下吞吐性能提升仅为 38.7%，而在 Zipf5 下吞吐性能提升达到 67.3%。这是因为 Zipf 分布下，热点键值所处的 SSTable 可以通过 LDC 有效控制写放大，对应的热点 SSTable 能够更加及时地进行合并、更新，更加有利于系统访问性能提升。

因此，LDC 在非均匀分布下的性能更加突出，而这种具有数据倾斜和热点的情况更加符合实际应用场景下的负载特征。

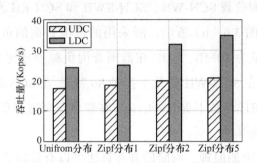

图 3.8　LDC 在 uniform 和 Zipf 两种数据分布下的吞吐性能对比

3.4.3　合并机制空间开销性能测试

合并机制空间开销性能测试分为两部分：① LDC 在合并过程中由于需要载入内存重组所产生的 I/O 规模评测；② LDC 机制本身对于 LSM-tree 键值存储系统引入的空间开销评测。

（1）合并过程中产生的 I/O 空间开销评测

LSM-tree 键值存储系统中的合并机制是制约系统性能的关键环节，合并过程中的 I/O 规模和 I/O 粒度对于系统吞吐能力和服务延迟表现是有直接影响的。如图 3.9 所示，测试结果展示了在不同负载下合并操作产生的 I/O 数据规模，这里的 SCN 选择具有代表性的范围查询 SCN-RWB。

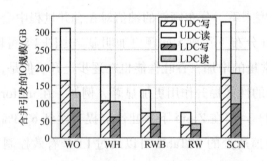

图 3.9　UDC 和 LDC 合并操作时的 I/O 规模

从实验结果来看，在不同读写比例负载的测试中，LDC 能够降低约 50% 的内部合并 I/O 数据规模。以写为主负载 WH 为例，传统 UDC 合并操作中产生的读写 I/O 规模分别为 98.78GB 和 107.1GB，而 LDC 合并的读写 I/O 规模为 50.38GB 和 58.78GB。LDC 相比 UDC，能够将合并产生的 I/O 读写规模有效降低 46.97%。因此，LDC 空间使用开销更具有优势，考虑到 SSD 固态硬盘芯片的寿命耐久性，LDC 不仅可以有效提升 LSM-tree 键值存储系统的性能和服务质量，而且进一步延长了存储硬件设备的使用寿命，降低了系统运维的成本。

（2）LDC 扩展性与空间开销评测

扩展性和空间开销实验采用的测试数据量为 5MB ～ 30MB，Key 为 16B，Value 仍为 1KB，测试选择了 uniform 分布下读写均衡负载（50% 读、50% 写）。测试结果如图 3.10 所示，随着操作数据量从 5MB 增长到 30MB，LDC 可以比较稳定地维持在 39% ～ 65% 的吞吐性能提升，以及降低 43.3% ～ 46.7% 的合并 I/O 的空间开销。

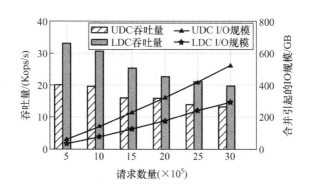

图 3.10　LDC 机制具有良好的扩展性

一方面，为了降低 LSM-tree 键值存储系统的写放大，避免频繁系统 I/O，LDC 采取了基于延迟合并的处理机制，那些被放入逻辑上的冻结区域的 SSTable 会占据部分 SSD 硬盘存储空间。另一方面，在 LDC 机制实现过程中，链接的数据片段 SliceLink 本身记录的是相关 SSTable 的元数据，相对数据量较小，如图 3.11 所示，引入的额外空间开销约为 3.37% ～ 10.0%，相比 UDC，并不会带来过多的额外空间开销，具备了良好的扩展性能。

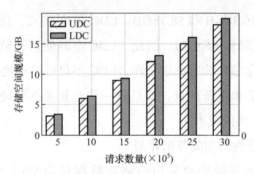

图 3.11   LDC 并不会带来过多的额外空间开销

3.4.4   降低延迟影响测试

本小节从尾延迟和平均延迟两方面对 LDC 的延迟问题优化进行测试。

1. 降低尾延迟影响

尾延迟测试结果如图 3.12 所示。图 3.12 展示了 LDC P90 ～ P99.99 尾延迟相对 UDC 的比值，实验采用 10M 次的随机读写键值操作。回顾 LDC 的实现原理，LDC 确实可以将不可控的合并 I/O 拆分为较小、可控的粒度，有效降低系统性能抖动的概率。LDC 能够将测试结果中最为显著的 P99.9 延迟的延迟值从 469.66μs 降低到 179.53μs，降低了 61.8%。进一步可见，LDC P99.99 延迟仍然可以将延迟从 2 688.23μs 降低到 1 305.96μs，进一步提升了系统服务质量。

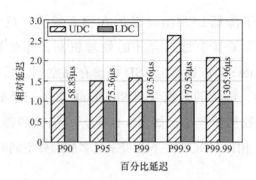

图 3.12   UDC 和 LDC 的尾延迟比较

2. 平均延迟测试

平均延迟测试结果如图 3.13 所示。由图可以看到，LDC 由于对合并操作的粒度控制得更为精准，在 3 种典型负载下的平均延迟都取得了较好的表现。对于纯写（Write-Heavy）和读写平衡（Read/Write Balanced）两种负载，相比 UDC，LDC 可以分别实现降低 43.3% 和 45.6% 的平均延迟。因此，LDC 在面对不同类型的负载时，在平均延迟和尾延迟方面都可以实现一定程度的改善。

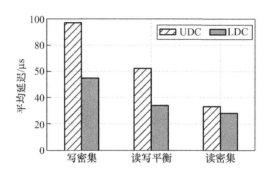

图 3.13　UDC 和 LDC 的平均延迟比较

3.5　本章小结

LSM-tree 键值存储系统已经在 NoSQL 和传统 SQL 关系数据库系统中得到了广泛的应用。LSM-tree 在内存中累积有序化数据，以批量方式持久化到存储设备的设计结构理念能够有效提升存储系统的吞吐能力。但是，批量处理的方式同时会带来性能的抖动和尾延迟等副作用。现有的一些针对 LSM-tree 键值存储系统合并机制的研究工作使延迟合并的思路能够降低系统的写放大，提升吞吐性能。但是，较大粒度的合并规模又会引起更为严重的尾延迟现象，影响用户体验和服务质量。

事实上，解决吞吐性能和延迟问题的关键在于传统 UDC。在合并过程中由于无法控制下压数据的规模，使得合并粒度不可控，从而加剧写放大问题。并且，用户 I/O 和合并 I/O 有可能产生资源竞争，产生吞吐抖动，因此进一步加重了尾延迟的影响。

针对这个问题，本章提出了一种新型的 LDC，通过将传统的合并过程拆分为两个阶段（Link 阶段和 Merge 阶段），并通过在 Link 阶段逻辑上积累足够的待合并的上层数据片段，有效减小下层合并时的写放大，并且可以有效控制合并过程的 I/O 粒度，在吞吐和尾延迟方面都实现了有效提升。

第4章 面向资源负载自适应 LSM-tree 结构的键值存储优化

从系统的通用性出发，通常 LSM-tree 键值存储系统采用各方面性能折中的设计，以保证读性能、写性能和空间开销 3 方面都能发挥相对平衡的性能表现，即从微观的角度来看，构成整个 LSM-tree 键值存储系统的形状特征所需要的关键参数在存储系统的运行过程中基本是静态不变的。现有的一些相关工作也基于此思路静态地针对其中一方面的性能问题进行优化，例如，通过推迟合并的方式来提升写入性能，但这种优化不可避免地拖累其他方面的性能表现。但实际的应用负载的读写比例等特征是动态变化的，而且键值存储系统所面对的硬件环境也有可能是动态变化的，为了充分发挥系统性能，就要求键值存储系统能够根据实时的负载资源变化对自身作出自适应调整。因此，本章从设计、实现自适应 LSM-tree 结构出发，进一步提出面向负载资源的自适应键值存储系统 ALDC-DB。系统通过对输入的用户动态负载特征进行分析，经过性能代价模型计算，得出相应的优化策略以动态改变 LSM-tree 的形态特征，并得到动态调整合并机制以适应当前负载，进一步提升键值存储性能。通过实验评测，ALDC-DB 能够有效提升 LSM-tree 键值存储系统的性能，在负载发生变化时能够及时调整 LSM-tree 的形态特征，同时，自适应合并机制能够有效控制合并粒度，使得吞吐和延迟方面都达到一个较优的水平，提升了系统的服务质量。

4.1 引言

在关于 RUM[17] 的理论中，LSM-tree 键值存储引擎采用固定的平衡点，即读性能、写性能和空间开销 3 方面是比较均衡、固定的，这同样适用于其他数据库系统设计的通用性考量。从更微观的角度来看，构成整个 LSM-tree 键值存储系统的形状和特征所需要的关键参数在存储引擎的运行过程中是基本不变的。

在 RUM 理论中，传统的优化方法就是移动平衡点。例如，底层驱动合并机制 LDC 实际上也是面向 SSD 的写性能优化方法，尽管 SSD 凭借优异的随机读写能力和布隆过滤器的帮助，尽可能减轻 LDC 为读性能带来的影响。但对于实际的用户负载，其读写比例及其他需求是动态变化的，而且键值存储系统所面对的硬件环境也有可能是动态变化的，如果希望键值存储引擎达到一个相对较优的性能，就要求键值存储引擎能够根据实时的用户负载及整体硬、软件资源的变化作出自适应调整，需要对 LSM-tree 键值存储系统的合并机制、LSM-tree 的关键参数及不同负载下的状态进行建模。

考虑到实际的应用场景，工作负载往往是经常变化的，即对于键值存储来说，负载的读写比例是经常变化的。前面章节介绍了 LDC，即通过两阶段合并算法来实现吞吐性能的提升，改善尾延迟的影响。但是，对于动态变化的工作负载，LDC 还难以满足该应用的需求。因此，在 LDC 的基础上，本章提出了自适应底层驱动合并机制（Adaptive Lower-level Driven Compaction，ALDC），通过对实时负载 workload 的监测，经过简单的预测模型计算，动态地调整 LSM-tree 形态特征和合并机制。相比 LDC，ALDC 达到了更好的尾延迟特性及读写性能。

本章的主要内容如下。

（1）提出了自适应 LSM-tree 结构

通过实验和分析 LSM-tree 形态和性能之间的关系可发现，在一定范围内，LSM-tree 的形态调整有助于降低系统 I/O 放大及提升系统吞吐，因此，本章提出了一种基于形态调整的自适应 LSM-tree 结构，其结合自适应合并机制 ALDC，使键值存储系统性能得到进一步的提升。

（2）提出了自适应的底层驱动合并机制 ALDC

针对负载动态变化的用户负载，本章基于 LDC，通过实验分析了负载和 LDC 之间的性能模型，进一步提出了自适应的底层驱动合并机制 ALDC，解决了传统 LDC 在一些特殊负载下的读写性能问题，补齐了性能短板，对合并机制的 I/O 粒度控制更加精准，对系统吞吐和延迟也有进一步的改善。

（3）在动态负载下面向 SSD 进一步优化

ALDC-DB 的自适应机制对 SSD 的 I/O 能力及资源做了更加细致的优化，对 I/O 资源的管理分配更加精细，使得自适应合并机制更加高效。通过实验测试，相比 LDC，自适应键值存储系统 ALDC-DB 在混合动态负载 Splc 下，能够进一步提升 69.97% 的吞吐性能，同时能够有效减少 P99 延迟达 63.30%。

4.2　问题描述

传统 LSM-tree 键值存储系统的优化研究基本上都面向 RUM 中的某一个点提出相应的改进方案，是相对静态的优化思路。如图 4.1（b）所示，LDC 采用了推迟合并的思路，通过累积数据片段来降低写放大。同时，利用 SSD 较强的随机读写性能保证了 LDC 能够放松 LSM-tree 的局部有序性以换取更强的写入性能，确保不会过于影响读性能。这也使得 LDC 在面临读写混合负载时的性能和延迟表现更为优异，但是这样的性能优化方法在某些特殊负载下却表现出劣势，影响了键值存储系统的通用性。而实际键值存储系统的应用场景则更为复杂和动态变化，因此，本章的优化思路是，从用户负载出发，在负载和 LSM-tree 之间建立一种反馈机制，即自适应的 LSM-tree 结构，从 LSM-tree 的形态和内部的合并机制入手，实现了一套资源负载自适应的 LSM-tree 键值存储系统 ALDC-DB。

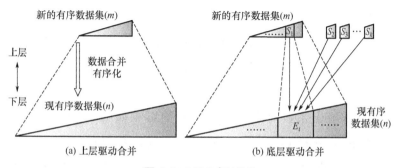

图 4.1　UDC 与 LDC

4.2.1 LSM-tree 形态对系统性能的影响

第 2 章介绍了 LSM-tree 键值存储系统性能相关的部分内容。在 LSM-tree 中，扇出系数可以说是影响键值存储系统性能的重要因素，前面章节提到的写放大问题就是因层级之间成比例扩大造成合并时的 I/O 规模远超实际用户写入造成的。尤其在 SSD 等新型存储硬件上，写放大问题会严重影响存储设备的使用寿命。

通过实验可测试扇出系数对 LSM-tree 形态、性能方面的影响，如图 4.2 所示。由图可见，扇出系数对 LSM-tree 形态的直接影响就是层次结构的高度（$\log_k(n/b)$），随着扇出系数的增大，LSM-tree 的层高会降低。

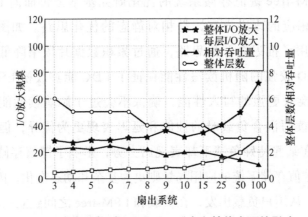

图 4.2 扇出系数对 LSM-tree 形态和性能方面的影响

在一定范围内，扇出系数的变化所引起的整体 I/O 放大相对比较稳定，当扇出系数继续增大后，I/O 放大规模会大幅上升。同样，吞吐性能也是这样的趋势，即在一定范围内保持相对稳定，随着扇出系数继续增大，吞吐性能同样以较快速度下降。这也体现了 LSM-tree 键值存储系统中 I/O 放大对吞吐性能的影响。

LSM-tree 扇出系数对系统吞吐性能的影响如图 4.3（a）所示，实验基于读写平衡的负载（读、写各占 50%），扇出系数在 3 ~ 100 变化，可以看到，第 3 章提出的 LDC 在不同的扇出系数始终可以保持相对领先的性能。LSM-tree 扇出系数对合并 I/O 规模的影响如图 4.3（b）所示。可以看到，LDC 仍然通过两阶段合并机制尽可能减少在合并过程中产生的写放大问题，而且合并 I/O 规模随着扇出系数的增长变化要比 UDC 平缓许多。

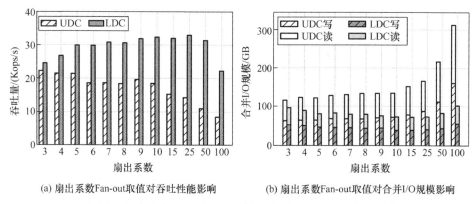

(a) 扇出系数Fan-out取值对吞吐性能影响　　　(b) 扇出系数Fan-out取值对合并I/O规模影响

图 4.3　不同扇出系数对吞吐性能和合并 I/O 规模产生的影响

通过上述几组实验测试的结果可以看到，对于系统整体的 I/O 放大问题，扇出系数在一定区间范围内（10 左右）可以保持一个相对较低的 I/O 放大的状态。但是，基于 UDC 的合并机制并不能解决系统的写放大问题，同样，扇出系数的变化有助于改善写放大和吞吐性能，却并不能从根本上解决这个问题。

4.2.2　LSM-tree 合并机制对系统性能的影响

前面章节介绍了 LDC 可以有效控制系统的写放大，提升系统性能。其中的关键结构 SliceLink 的取值成为重要的影响因素。这里首先通过实验，选择读写均衡的负载（读、写各占 50%）进行测试，研究一下 SliceLink 与系统吞吐和合并 I/O 规模之间的关系。

实验结果如图 4.4（a）所示，图中展示了 SliceLink 取值对吞吐性能的影响。可以看到，LDC 的吞吐性能随着 SliceLink 取值先增高后减小的过程，对于当前负载而言，SliceLink 取值为 10 时达到最优，恰好与默认的扇出系数相符。

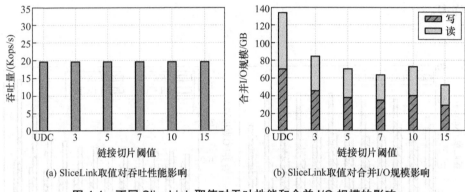

(a) SliceLink取值对吞吐性能影响　　　　　(b) SliceLink取值对合并I/O规模影响

图 4.4　不同 SliceLink 取值对吞吐性能和合并 I/O 规模的影响

与此同时，对于合并操作的 I/O 规模也有类似的规律，如图 4.4（b）所示，图中展示了 SliceLink 取值对合并 I/O 规模的影响。随着 SliceLink 取值增加，推迟积累的数据也更多，当写放大率接近 1 时，对于当前负载的吞吐也达到最优。综合考虑当前负载的特征，SliceLink 为 7 时，可以实现吞吐和合并机制的相对最优。

通过前面对 LDC 读放大的分析（定理 3.1）可知，决定读性能的复杂度（$O(k\log_k(n/b)+u)$）的因素可以通过布隆过滤器减少一部分影响。但是，在 LDC 的两阶段合并算法中增加的 SliceLink 环节确实通过牺牲一部分读性能换取了系统整体更大的吞吐性能。

4.2.3　键值存储的自适应模型

4.2.1 和 4.2.2 小节分别对 LSM-tree 的形态特征、性能与 I/O 放大的关系，以及 LDC 中 SliceLink 的改变、性能与 I/O 放大之间的关系做出了分析。对于 LSM-tree 键值存储系统而言，改变 LSM-tree 的形态，如调整扇出系数取值，在一定范围内可以实现写放大的降低和性能吞吐的提高，但是这样并不能够彻底解决 LSM-tree 的写放大问题。

　　而第 3 章所提出的 LDC 基于产生写放大的原理，利用推迟合并时机、积累有效数据的同时结合控制合并粒度的方法，解决了 LSM-tree 由于扇出结构导致的 I/O 资源浪费、系统抖动延迟响应问题。虽然 LDC 提出了一种全新的 LSM-tree 合并理念，有针对性地解决了写放大问题，但仍属于一种静态的优化方式，主要目的也是面向 SSD 的写入性能及延迟性能的优化方案。在某些偏向以读为主的应用场景中，适用范围就比较窄了，因此，本章提出了自适应 LSM-tree 这样的键值存储结构，从 LSM-tree 的形态结构和合并机制两个维度实现自适应的优化。

4.2.4　相关研究

　　现有的对于 LSM-tree 键值存储系统的自适应优化研究大致有以下几方面。

　　有一些面向底层硬件和系统资源方面的优化工作，其目的同样也是充分利用系统的软硬件资源，根据特殊的应用场景进行专项的优化。LOCS[75] 基于新型的 Open-channel SSD 进一步探索 LevelDB 在任务调度和分发方面高效利用信息存储硬件的高并行的特性。PCP[76] 基于分解合并规模的思路，将一个合并操作分解成多个子任务，仿照流水线的思路，充分利用系统的 CPU 计算和 I/O 资源。SILK[16] 更加注重系统的延迟指标，设计了 I/O 资源的调度器以动态分配 I/O 资源，从源头上进行流量控制，保证了系统运行的平顺性。

　　在 LSM-tree 核心部分的合并机制方面，ALC[77] 选择在高负载情况下暂时停止合并操作的执行，避免合并机制在系统 I/O 带宽已经紧张的情况下与用户抢占资源带宽，实际上也是推迟合并以确保系统的吞吐性能和延迟影响。这属于比较简单的自适应机制，但是，通过暂停推迟合并短时间内比较有效，长时间内对空间的占用和读性能都是有一定影响的，而 Dostoevsky[48] 的核心是基于多种合并机制策略进行自适应选择，例如，面对纯写负载就采用 Tiered 方式的合并机制，从合并机制入手，调整系统的性能和写放大问题。多种合并策略的混合确实可以针对性地解决写放大等问题，但是单个合并机制本身的问题并没有解决。

CuttleTree[47] 实现了一个简单的 LSM-tree 自适应结构，对 LevelDB 的参数调整以适应不同工作负载，提升系统性能。由于其为基于参数的简单自适应优化，同样没有触及合并机制的核心问题，这也是本章提出自适应 LSM-tree 结构的动机。自适应 LSM-tree 的形态调整结合自适应的合并机制使得系统在面对动态负载时不仅能够提升吞吐性能，更可以通过内部结构的优化实现服务质量的提升。

4.3 自适应 LSM-tree 键值存储系统 ALDC-DB 的设计与实现

本节重点介绍自适应 LSM-tree 键值存储系统 ALDC-DB 的结构设计和实现，在实现部分主要介绍自适应 LSM-tree 结构的核心算法，包含了自适应 LSM-tree 的形态优化和自适应底层驱动合并机制在 ALDC-DB 的具体实现细节。

4.3.1 自适应 LSM-tree 结构设计

传统 LSM-tree 的结构如图 4.5（a）所示，由于传统 LSM-tree 属于静态结构，即在满载状态下形态通常唯一，例如，在传统 LSM-tree 下的持久化存储层从 L_1 层开始，下层最大的容量限制是紧邻上层的 k 倍（扇出系数），因此传统 LSM-tree 在满载状态下呈现出类似金字塔的上窄下宽的形态特征。

同时，为了保持这种形态，通常会设置相应的限制条件，如在 LevelDB[21] 中关于 LSM-tree 中第 L_0 层的限制条件，见表 4.1，其中有关 L_0 的配置参数不仅限定了 LSM-tree 宏观上的形态，也限制了键值存储系统的吞吐性能。例如，键值系统一旦触及 L0_SlowdownWritesTrigger 所设定的条件数值，则开始对用户写入进行限速，并且，一旦达到 L0_StopWritesTrigger 限制后，整个 LSM-tree 键值存储系统就停止写入操作，这样不仅会对吞吐性能产生影响，而且会造成系统服务抖动、响应延迟和系统停止服务等负面影响。

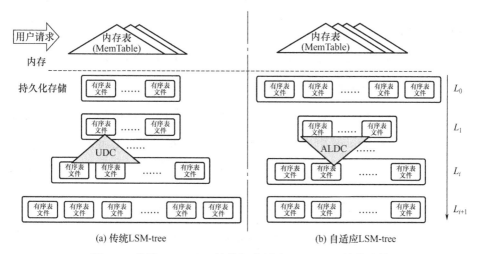

(a) 传统LSM-tree   (b) 自适应LSM-tree

图 4.5　传统 LSM-tree 结构与自适应 LSM-tree 结构比较

表 4.1　自适应 LSM-tree 调整形态特征的关键参数

LSM-tree 的形态特征参数	描述信息
L0_CompactionTrigger	第 L_0 层触发合并操作的 SSTable 数量
L0_SlowdownWritesTrigger	第 L_0 层 SSTable 达到该数量后减缓写入
L0_StopWritesTrigger	第 L_0 层 SSTable 达到该数量后停止写入
ALDC_StartLevel	采用 ALDC 机制的起始层数
ALDC_EndLevel	采用 ALDC 机制的终止层数
ALDC_MergeSizeRatio	触发 ALDC 的数据片段体积阈值
ALDC_MergeLinkNum	触发 ALDC 的数据片段数量阈值

　　针对传统 LSM-tree 在结构形态上的限制，本章提出了自适应 LSM-tree 结构，如图 4.5（b）所示。由于用户负载通常处于动态变化的状态，用户请求需求流量也是不稳定的，因此，实际上可以在一定范围内放松对 LSM-tree 形态的限制。

　　自适应 LSM-tree 结构包含了 LSM-tree 形态的调整和合并机制的调整。本章在 LDC 的基础上引入了自适应的底层驱动合并机制 ALDC，可以实现更加全面的性能提升，其在控制延迟和合并粒度方面也相比 LDC 有了更大的进步。

部分自适应 LSM-tree 调整形态特征的关键参数见表 4-1，其中包含了 LSM-tree 形态方面的关键参数及自适应合并机制 ALDC 的关键参数。

在 LSM-tree 形态方面，L0_CompactionTrigger、L0_SlowdownWritesTrigger 和 L0_StopWritesTrigger 共同控制了 LSM-tree 中较为关键的 L_0 的形态。其中，L0_CompactionTrigger 的设置更为重要，这是因为在 LevelDB 的设计中，L_0 层的 SSTable 是由内存结构中的 MemTable 持久化而来的，那就意味着在 L_0 层，多个 SSTable 之间的键值范围是有可能覆盖的，在触发合并时，这一层的写放大问题会更明显，合并 I/O 也可能会更大。其他两个 L_0 层的相关设置 L0_SlowdownWritesTrigger 和 L0_StopWritesTrigger 同样对写入性能的影响非常关键，而且与尾延迟和性能抖动问题都是直接相关的。在读方面，由于多个 SSTable 之间的键值无序，那么就需要在每一个 L_0 层的 SSTable 内进行查找，读开销相对其他层级也较大。

因此，在写为主的负载下，适当增大 L_0 的相关设置，即适当降低 LSM-tree 局部的有序性，有利于写入吞吐性能的提升。反之，在读为主的负载下，通过调整 LSM-tree 的形态，使其局部有序性增加，显然对读性能有更大的提升。

在自适应合并机制方面，ALDC_StartLevel 和 ALDC_EndLevel 控制了启用自适应底层驱动合并机制的层级，在 LSM-tree 中，由于 L_0 层的 SSTable 无序，为了保证写入的吞吐性能不在 L_0 层开启 ALDC，ALDC 通常从 L_1 层开始。ALDC_MergeSizeRatio 和 ALDC_MergeLinkNum 对应了 ALDC 自适应合并机制（见算法 4.2）中对应执行 Merge 阶段的触发条件部分。自适应 LSM-tree 结构和 ALDC 自适应合并机制保证了 ALDC-DB 在系统吞吐性能和服务质量方面都能够有较大的提升空间，具体的实现细节将在下面的章节中介绍。

4.3.2　自适应 LSM-tree 结构实现

自适应 LSM-tree 的核心机制见算法 4.1，其通过用户负载监控线程实时收集当前的负载信息，通过将该信息 w_i 计算得到合适的 LSM-tree 形态 p_{LSM}（Line2）。如果计算出的新形态 p_{LSM} 和当前形态相比满足调整条件，则调用调整 LSM-tree 形态的模块函数 tuningLSMShap() 实现对 LSM-tree 形态特征的关键参数的设置。之后，根据新的 LSM-tree 形态 p_{LSM} 生成新的 ALDC 合并策略 p_c（Line5），随后尝试触发一次合并机制，选取一个待合并的 SSTable s_u（Line6），将其与新的 ALDC 合并策略 p_c 一起传递到自适应合并机制中，完成一次 LSM-tree 结构的自适应调整。

算法 4.1　自适应 LSM–tree 结构

输入：当前的用户负载信息 w_i

1：**function** adptiveLSM(w_i):
2：　　　$p_{LSM} \leftarrow$ calculateLSM(w_i)
3：　　　**if** needTuning(p_{LSM})==True **then**
4：　　　　　tuningLSMShape(p_{LSM});
5：　　　　　$p_c \leftarrow$ generateALDCPolicy(p_{LSM});
6：　　　　　$s_u \leftarrow$ pickupSST();
7：　　　　　Link(s_u, P_c);
8：　　　**end if**
9：**end function**
10：**function** tuningLSMShape(p_{LSM}):
11：　　　tuningL0($p_{LSM_{l_0}}$);
12：　　　tuningALDCScope($p_{LSM_{ALDC}}$);
13：**end function**

调整 LSM-tree 形态的模块函数 tuningLSMShap()，其内部实现主要是

LSM-tree 形态相关结构的设置调整（Line11）。算法（Line2）根据当前的负载特征给出了目标 LSM-tree 的调整形态策略 p_{LSM}，简单来说，如果当前负载属于写为主，则逐渐增加 L_0 的相关配置参数，使得暂时放松 LSM-tree 的局部有序性，实际上也是推迟合并时机，降低了发生合并的频率，系统 I/O 就可以释放更多资源给用户的写入请求。当然，配置参数的变化步长并不是陡峭变化的，而是周期性地、较为稳健地调整步长变化，保证系统各方面的运行平稳。同理，当前负载如果是读为主的特征，则调整相关配置参数，使得 LSM-tree 的局部有序性上升，读操作放大问题得到有效降低（见定理4.2），提升 ALDC-DB 键值存储系统的读性能。

然后，是自适应合并机制 ALDC 的相关配置设置（Line12），所涉及的配置参数结构见表4.1。这里和 LSM-tree 的自适应形态调整原理类似。当前负载以写为主时，希望系统的 I/O 资源尽可能多地给予用户写入请求，因此，ALDC 会进一步推迟合并，则 ALDC_MergeSizeRatio 和 ALDC_MergeLinkNum 会相应地逐步增大。从 LSM-tree 扇出系数的角度来看，累积的 SliceLink 的数量与体积增加，相当于增加了上层的数据规模，从逻辑上降低了两层间的扇出系数，因此在 ALDC 中就可以省一个参数设置，节约自适应开销。同理，当负载变成以读为主时，为了增强带有 SliceLink 的 SSTable 的局部有序性，降低 ALDC 的读复杂度（如定义4.2所示），则逐步减小 ALDC_MergeSizeRatio 和 ALDC_MergeLinkNum 参数配置，进一步降低读操作的复杂度。虽然 ALDC 的相关结构参数会逐步变化，但在每一个调整周期中，都始终没有放松对合并粒度的控制，因此尾延迟方面的表现始终如一。

综合 LSM-tree 形态调整和合并机制调整可知，ALDC-DB 所构建的自适应 LSM-tree 结构在面对复杂变化负载时能够有效地通过自适应机制调整自身结构，实现当前负载的一个相对最优的性能提升。相比传统 LDC 合并机制，在面对读为主的负载时，ALDC-DB 能够补足短板，实现更全面的性能优化。

算法 4.2　自适应底层驱动合并机制 ALDC

输入：待 Link 链接的上层 SSTable s_u 及下层集合 S_l，合并策略 p_c

1： **function** Link(s_u,p_c)：

2：　　T_{sr},T_n ← updatingMergeCondition(p_c)；

3：　　S_l ← getOverlappedLowerSSTs(s_u)；

4：　　freeze(s_u)；

5：　　**for each** $s_l \in S_i$ **do**

6：　　　　slice ← createFileSlice(s_u,s_l)；

7：　　　　s_l.addSliceLink(slice)；

8：　　　　s_u.ref ← s_u.ref+1；

9：　　　　**if** $\left(\sum_{i=1}^{n} s_{l\text{slice}_i} \right) \geqslant T_{sr}$ **or** count($s_{l\text{slice}}$) $\geqslant T_n$ **then**

10：　　　　　　Merge(s_l)；

11：　　　　**end if**

12：　　**end for**

13： **end function**

14： **function** Merge(s_l)：

15：　　C ← getLinkedSlices(s_l)；

16：　　M ← doMergeSort(s_l,C)；

17：　　S ← generateNewSSTs(M)；

18：　　flush(S)；

19：　　removeSST(s_l)；

20：　　**for each** $c \in C$ **do**

21：　　　　s_u ← getSST(c)；

22：　　　　s_u.ref ← s_u.ref-1；

23：　　　　**if** s_u.ref==0 **then**

24：　　　　　　removeSST(s_u)；

25：　　　　**end if**

26：　　　**end for**

27：**end function**

4.3.3　自适应合并机制实现

　　本小节针对 LDC 在一些特殊情况下存在的问题，进一步提出面向动态负载的 ALDC，根据当前复杂特征动态调整合并过程，以适应各种负载的应用场景。本小节从 ALDC 的实现原理出发，介绍自适应机制实现的核心算法，并对 ALDC 的性能进行一个简单的分析。

1. 基于扩展 RUM 理论的键值存储自适应模型

　　传统 RUM[17] 理论呈现为二维的三角形结构，即读（Read）、写（Write）和空间（Memory）三者之间的关系。考虑到延迟影响在现代键值存储系统中逐渐成为一个重要服务质量参考指标，在 RUM 的基础上将延迟因素加入来扩展 RUM。经过扩展的 RUM 模型如图 4.6 所示，整体模型呈现一个三角柱形结构，水平的三角形切面即原始 RUM 形式，与之垂直的为延迟因素。

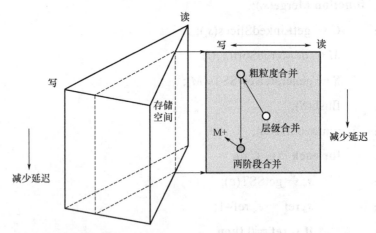

图 4.6　两阶段合并算法（Two-phase Compaction）在扩展 RUM 理论中所处位置

　　这里截取一幅切面，如图右侧所示，在上面标注了一些 LSM-tree 中有代表性的合并机制所处的位置，如 LevelDB 中提出的层级合并（Leveled Compaction），相比粗粒度的合并机制（如 Tiered Compaction），层级合并的读写性能更加均衡，并且由于合并粒度较小，所以在延迟方面的指标也较好，而 LDC 的核心两阶段合并算法（Two-phase Compaction）在层级合并的基础上改进了触发原理，利用推迟合并的思路控制合并粒度，所以 LDC 在写入性能方面会更优异，同时有效控制了 I/O 放大和粒度，进一步优化了延迟方面的影响。

而本章 ALDC 在 LDC 的基础上，通过当前负载的读写特征及系统 I/O 资源的具体情况，将这个平衡点在一定范围内移动，增强了 ALDC-DB 键值存储系统的适应能力，扩展了系统的通用性。下面将具体介绍自适应合并机制 ALDC 的实现细节。

2. 自适应底层驱动合并机制 ALDC

本部分通过 ALDC 机制下键值存储系统的实际写入流程介绍自适应合并机制具体的运行过程和 ALDC 机制键值存储系统的读请求的实际运行过程。

（1）ALDC 机制下的键值写入流程

ALDC 机制下的键值写入流程和传统 UDC 的流程基本一致，键值都是先通过内存 MemTable 结构累积到一定量，再批量持久化到 LSM-tree 的第 0 层。当 L_i 层的 SSTable 数量超过该层限制值时，选出待合并的 SSTable A，这与传统 UDC 机制的选择过程也是一致的。

ALDC 的 Link 阶段的实现原理如图 4.7（a）所示。开始触发 ALDC 的 Link 阶段，通过计算上下层键值覆盖范围确定下层 SSTable 数量，这里有键值范围重叠的 SSTable，覆盖范围分别是 kr_1、kr_2 和 kr_3。在这里，以 kr_2 对应的下层 SSTable X 为例，如图 4.7（b）所示，A 此时移入冷冻区域（Frozen Region），创建对应的 SliceLink A_1、A_2 和 A_3，同时 A 的引用计数也会相应增加（见算法 4.2），有且仅有当 A 的引用计数为 0 时，才会对冷冻区域的 SSTable 进行清理。

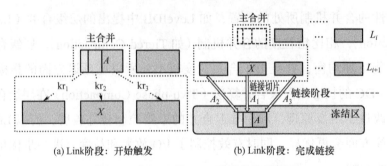

(a) Link阶段：开始触发   (b) Link阶段：完成链接

图 4.7 ALDC 的 Link 阶段的实现原理

随着 Link 操作的不断被触发，进入如图 4.8（a）所示的状态，系统根据当前负载的读写特征已经设置了 ALDC 当前的合并条件（见算法 4.2）。为了保证在极端情况下 ALDC 的有效性，这里自适应机制确定了当前合并触发的体积比例 Sizeratio 为 0.5，最大 SliceLinknumber 为 3。这里的两个条件是逻辑"或"的关系，即满足任意一个条件就执行 Merge 的真实 I/O 操作，这是为了避免键值覆盖范围过大、尺寸较小的 SliceLink 堆积过多而影响读性能。

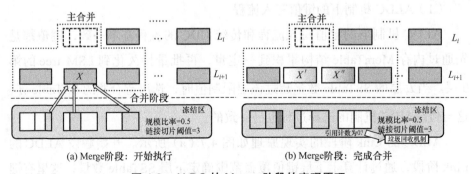

(a) Merge阶段：开始执行   (b) Merge阶段：完成合并

图 4.8 ALDC 的 Merge 阶段的实现原理

当前处于 L_{i+1} 层的 SSTable X 满足了执行合并操作的条件，接下来将 X 和冻结区域内的相关数据载入内存进行合并操作。合并完成后，在 L_{i+1} 层生成了新的 SSTable 集合 X' 和 X'' 这两个新的 SSTable 文件，同时对相应冻结区域的 SSTable 引用计数减 1。此时进入 Merge 阶段的最后收尾工作，算法 4.2 对处于冻结区域的 SSTable 的引用计数进行检查，当发现引用计数值为 0 后，则意味着该 SSTable 没有再被访问的需要了，可将其所占存储空间清理回收。至此，ALDC 的写入流程结束。

（2）ALDC 机制下的键值读取流程

ALDC 机制下的读取流程和 LDC 基本一致，如图 4.9 所示。其查找过程也是先从内存 Memtable 结构开始的，然后是 Immutable Memtable。如果内存中没有，则开始从 L_0 层逐层查找，当查找来到 L_{i+1} 层的 SSTable X 时，由于此时该 SSTable 有 SliceLink，则需要优先访问这些 SliceLink 的 SSTable。这是因为所链接的 SSTable 数据本来的位置是 L_i 层，对应的是更新版本的键值数据。同时，如果对于多个 SliceLink 有同样的键值范围，则按照"后链先读"的原则，依次查找。

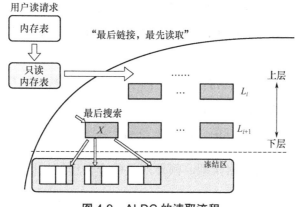

图 4.9　ALDC 的读取流程

3. ALDC 性能模型分析

ALDC 的原理如图 4.10 所示，整个 LSM-tree 键值的 I/O 数据量分为用户 I/O 和合并 I/O 两部分。W_c 和 R_c 代表合并所带来的 I/O 量，W_u 和 R_u 代表用户实际的读写 I/O，T_{sr} 代表进行底层驱动合并时当前 SSTable 的 Link 数据量与其自身的比值。

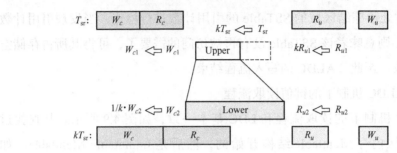

图 4.10 ALDC 通过预测未来的 I/O 规模动态调整合并机制的相关结构

当 T_{sr} =1.0 时，写放大率为 1：1，这被认为是 LSM-tree 的理想写放大率。但是，对于纯读负载，如果希望减少读的开销，加速合并过程，可以减小 T_{sr} 的数值，对于纯写负载，可以增大 T_{sr} 数值，减小合并频率，提升写性能。但是，对于混合读写负载而言，需要根据当前读写的比例计算来预测是否要增大还是减小 T_{sr} 的数值。假设减小 T_{sr} 到 $1/k$，那么意味着合并所带来的 I/O 会变为原来的 k 倍，而用户的读 I/O 会变为原来的 $1/k$，如果调整后的总 I/O 量小于调整前的总 I/O 量，并且当前是以读占多的负载，那么就认为这次预测是成功的。

ALDC 会实时调整当前合并过程中的相关结构参数。这里对自适应过程中 ALDC 的读写放大进行简单分析。

【定理 4.1】在 ALDC 中，假设某层的写放大率为 A_w，当自适应机制将 T_{sr} 改变为 kT_{sr}，根据预测模型，额外产生的合并读写，即 Δw_c 和 Δr_c，都将会变为 $(1/k-1)(1-1/A_w)w_c$。

证明：ALDC 下的合并执行及最终完成产生新的 SSTable 都位于同一层结构上，而 UDC 涉及上下层之间的 SSTable 文件改变。实际上，不论 T_{sr} 如何改变，上层被冻结的 SSTable 未来写入下层的数据量（I/O 规模）总体来说是不会变化的。

假设当前 k 小于 1，意味着 T_{sr} 变小，则上层携带的有效合并数据就会变少，合并操作的时机就有可能提前，同时可能会触发更多的合并次数，下层的写放大率就会上升，由于当前写放大率为 A_w，并且合并 I/O 规模为 w_c，可以得知当前无效写入量为 $(1-1/A_w)w_c$。由于 k 引起的无效写入系数变为 $1/k-1>0$，则额外的 I/O 量规模就是 $(1/k-1)(1-1/A_w)w_c$，即增加合并的 I/O 开销。同理，当 $k>1$ 时，$1/k-1$ 成为负数，则意味着减少了 I/O 开销。

【定理 4.2】在 ALDC 中，假设某层的读放大率为 A_r，当 T_{sr} 改变到 kT_{sr} 时，额外的读开销 Δr_u 是 $(k-1)(1-1/A_r)r_u$。

证明：和定理 4.1 类似，假设 $k<1$。某一层的读放大主要来自该 SSTable 所 Link 的数量，当 T_{sr} 变为 kT_{sr} 时实际是变小了，意味着 SliceLink 最大容量减少，则从冻结区域的读操作变为 kr_u，而下层的读取量不变，原本的无效读取量为 $(1-1/A_r)r_u$，则变化后引起的额外 Δr_u 为 $(k-1)(1-1/A_r)r_u$。同理，当 $k>1$，整体变为正值，增加了读开销。

综合定理 4.1 和 4.2 可以得到 ALDC 的核心 I/O 预测模型，如式（4.1）所示。

$$\Delta T_{io}(k) = \frac{(1/k-1)(1-1/A_w)w_c}{\text{th}_w} + \frac{(1/k-1)(1-1/A_w)r_c + (k-1)(1-1/A_r)r_u}{\text{th}_r} \quad (4.1)$$

式中，th_w 和 th_r 为当前存储设备的平均读写性能，可以事先通过测试获取。$\Delta T_{io}(k)$ 为将 T_{sr} 变为 kT_{sr} 时所产生的总体 I/O 时间开销，实际上可以简单理解为 T_{sr} 的变化和 w_c 成反比，而和 u_r 成正比。这也就意味着，式（4.1）中，不论 T_{sr} 如何变化，$\Delta T_{io}(k)$ 总是由 "一正一负" 预测值相加的结果，而这个结果 $\Delta T_{io}(k)$ 的符号则决定了当前 T_{sr} 的变化是否有利。当然，当 $\Delta T_{io}(k)>0$ 时，意味着本轮预测会增加系统的 I/O 开销，不符合需求，不进行调整。总体来说，预测总是朝着能够加速任务完成的方向进行自适应的优化，为了降低预测模块对于系统的影响，ALDC 采取周期性的方式进行采样预测，并不会带来过多额外的开销，具体的测试评价将在下一节介绍。

4.4 实验评估

本节将对自适应 LSM-tree 键值存储系统 ALDC-DB 进行实验评估。实验评估的主要内容包括键值存储系统的吞吐性能、延迟及系统服务质量影响，以及与自适应 LSM-tree 结构相关的实验测试。

4.4.1 实验环境配置

测试环境基于 Linux 发行版 Ubuntu 18.04.3 LTS，存储设备为 Memblaze Q520 SSD 固态硬盘。为了降低操作系统缓存对测试结果的影响，通过内核限制将可用内存设置为 4GB[78]，确保内存容量约为测试数据总体的 10%。性能测试工具为 C++ 实现版本的 YCSB-C[63][73]，Key 大小为 16B，Value 大小为 1KB。

（1）测试负载信息

测试所采用的负载信息见表 4.2，YCSB 负载 Load、A、B、C、D、E 和 F 均处于具有数据热点倾斜的 Zipf 分布。

表 4.2 YCSB 性能测试工具所采用的负载信息

负载名称	查询类别	负载特点
Load	无	Write Only（100% 写，0% 读）
A	点查询	Update Heavy（50% 写，0% 读）
B	点查询	Read Mostly（5% 写，95% 读）
C	点查询	Read Only（0% 写，100% 读）
D	点查询	Read Latest（5% 写，95% 读）
E	范围查询	Short Ranges（5% 写，95% 读）
F	点查询	Read-modify-write（50% 写，50% 读）
Splc	混合查询	混合 Load 和 $A \sim F$ 负载

为了更加贴近实际应用中的负载变化情况，在现有 YCSB 负载 $A \sim F$ 的基础上，这里提出混合负载 Splc。混合负载 Splc 与其他负载类似，同样由载入和运行两个阶段构成。初始时，由负载 load 预先写入 10M 键值对数据，随后根据需要自行设计混合的负载特征和规模。本次测试中的负载 splc 选择了默认的形式，即由 Load 阶段 10M 加上运行阶段 $A \sim F$ 各 10M 的混合负载构成，即默认的 Splc 负载运行阶段的总操作规模为 70M，其中 21.5M 为写入操作，其余为点查询及范围查询操作。

（2）测试比较对象

为了更好地测试自适应 LSM-tree 键值存储系统 ALDC-DB，这里选取了一些具有代表性的 LSM-tree 键值存储系统，分别如下。

● UDC：基于 LevelDB v1.19，合并机制采用 UDC。

● LDC：基于 LevelDB v1.19，合并机制采用 LDC。

● RocksDB（Levelled）：基于 RocksDB[13] v5.10，合并机制同样为默认合并机制 UDC。为了测试公平性，其余配置均与 LevelDB 一致。

● RocksDB（Universal）：基于 RocksDB v5.10，设置为层级间全部 SSTable 参与的合并机制 [79]，相比默认合并机制，更有利于写，对读性能影响较大。

● RocksDB（Auto Tune）：基于 RocksDB[13] v5.10，内部实现对于 I/O 流量的简单自动控制，可以减少后台合并操作对用户 I/O 的影响 [80]。

● CuttleTree：实现基于哈佛大学的一篇论文 [47]，通过动态调整 LSM-tree 键值存储 LevelDB 的部分参数，适应不同读写比例的负载。

4.4.2　吞吐性能评估

本小节将对系统的吞吐性能进行测试，测试采用混合负载 Splc，即由原始 YCSB 的负载经过拼接组合，相对而言更加接近真实应用的场景情况。另外，为了补充 YCSB 的负载类型，增加了对更细读写比例区间的负载吞吐性能测试，按照读写比例每 10% 的变化为一个区间来进行测试。

（1）混合负载 Splc 整体吞吐性能评估

混合负载 Splc 的整体时间开销如图 4.11 所示，图中标注了构成混合负载 Splc 各部分的运行时间。其中，ALDC 运行时间最短为 1 820s，LDC 为

2 200s，RocksDB（Levelled）为 2 260s，RocksDB（Auto tune）为 2 260s，RocksDB（Universal）为 2 315s，CuttleTree 为 2 435s，UDC 为 2 755s。

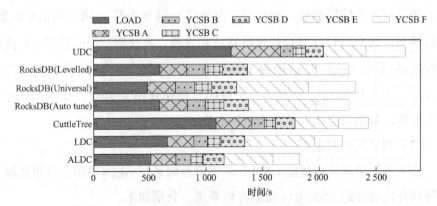

图 4.11　完成混合负载 Splc 评测的各阶段运行时间对比

与之对应的混合负载 Splc 的整体吞吐性能如图 4.12 所示，ALDC 的平均吞吐性能最高，达到 40.08Kops/s，相比排名第二的 LDC（33.40Kops/s）有 20% 的性能提升，相比排名第 3 的 RocksDB（Auto tune）的 30.17Kops/s 有 32.8% 的性能提升。UDC 的整体性能表现最低，仅为 23.58Kops/s。

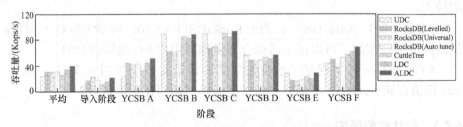

图 4.12　混合负载 Splc 总体和各个阶段的平均吞吐性能

从实验结果可以看到，基于自适应 LSM-tree 的 ALDC-DB 的系统吞吐性能提升最为明显，虽然基于 LevelDB 实现，但在测试中仍然可以超越同参数设置下的 RocksDB。这其中的 ALDC 能够有效降低系统写放大，同时结合自适应 LSM-tree 形态结构，使得在面对动态变化负载时，ALDC-DB 能够保持一个相对最优的性能结构。相对于静态的 LDC，可以看到，在面对纯读负载 YCSB-C 时，读性能还是受到了一定的影响，这是由于在 LDC 的读流程中增加了访问链接数据片段的流程。对于 ALDC 而言，当负载变为读为主时，为了增强带有 SliceLink 数据片段的 SSTable 的局部有序性，降低了读复杂度（见定义 4.2），逐步减小了 ALDC_MergeSizeRatio 和 ALDC_MergeLinkNum 参数配置，通过加速合并减少了 SliceLink 数量来提升 LSM-tree 的局部有序性。同时，在调整 LSM-tree 形态方面，则调整相关的形态配置参数，在形态上使得 LSM-tree 的局部有序性上升，读操作放大问题得到有效降低（见定理 4.2），这使得 ALDC-DB 键值存储系统的读性能相比 LDC 有了一定的提升。因此，ALDC-DB 可以通过自适应 LSM-tree 结构，从 LSM-tree 形态和合并机制两个维度实现优化调整，在面对纯读负载时，加速了链接数据片段的合并，补齐了性能的短板，具备更强的负载适应能力。

在混合负载 Splc 的各个阶段，基于 RocksDB 的测试组通常在写密集的负载下表现相对突出（Load 和 A）。这是由于 RocksDB 设计就是面向闪存 SSD 存储介质进行的优化。但是，LDC 同样可以提升 Load 阶段的写入性能，ALDC 达到 21.25Kops/s 的吞吐性能，仅略低于 RocksDB（Universal）。进入 YCSB A 阶段后，ALDC 的吞吐达到 51.15Kops/s，通过自适应 LMS-tree 结构，就已经超过 3 个基于 RocksDB 的对照组别（41.31 ~ 43.84Kops/s）。

同样具有自适应结构的 CuttleTree[47]，由于仅面向参数的自适应优化，所以并没有涉及 LSM-tree 关键结构性的优化。通过前面章节的分析知道，实际上合并机制的时间开销占比较大（见表 3.1），成为影响系统性能的关键因素。因此，简单的自适应结构并不能大幅提升 LSM-tree 键值存储系统的性能，同时对系统写放大、抖动延迟等方面问题的解决效果也比较有限。

（2）混合负载 Splc 分阶段吞吐性能评估

混合负载 Splc 各个阶段的实时吞吐性能如图 4.13 所示。测试结果展示了混合负载 Splc 各个阶段实时的吞吐性能变化。可以看到，实时吞吐性能按照各个阶段所代表的负载进行切分，同时对运行时间做了平移处理，提前完成的阶段吞吐性能将标识为 0，以方便展示每个阶段的具体运行时间并进行对比。为了方便展示比较，仅选取了具有代表性的 UDC、RocksDB（Auto tune）、CuttleTree 和 ALDC 共 4 组进行测评。

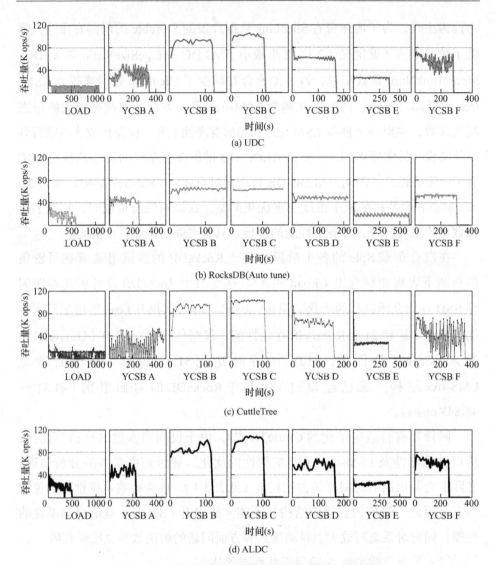

图 4.13　混合负载 Splc 各个阶段的实时吞吐性能

从图 4.13 中可以看到，ALDC 基本保持了在各个阶段吞吐性能的优势。在写密集的负载 YCSB Load、A 和 F 下，ALDC 性能明显要超过其他组。在读为主的负载 YCSB B、C、D 和 E 下，ALDC 通过自适应机制保证了优异的读性能。

从系统吞吐性能抖动方面来看，UDC 由于缺乏对合并机制的限制措施，在写密集的负载下，有时吞吐会突然降低到 0，这是因为过多的后台合并操作已经占满 I/O 资源，新的写入请求被暂停，而 LDC 和 ALDC 能够有效解决这个问题，保持较高的吞吐性能和稳定性。

（3）不同读写比例负载的吞吐性能评估

初始版本的 YCSB 所提供的负载较为有限，如 100% 写入的负载 Load、50% 写入的负载 A 和 F、5% 写入的负载 B 及 0% 写入的负载 C，这与实际的应用场景需求差距还是较大的[81]，因此需对 YCSB 本身和负载进行部分改造。在初始负载类别的基础上，增加了读写比例的变化负载，即从写 100%～写 0%，共划分出 12 个负载区间进行测试，这也是对全面测试吞吐能力的补充测试，如图 4.14 所示。

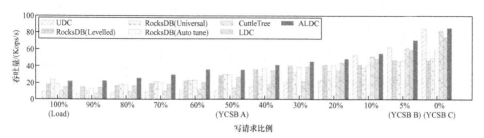

图 4.14　不同读写比例负载下的吞吐性能

测试结果如图 4.14 所示，整体的负载趋势是写操作从 100% 逐步减小到 0%。相比 UDC，LDC 在负载读比例不超过 80% 的情况下仍能够取得吞吐上的性能提升，约为 67.05%～147.51%。随着自适应机制在 ALDC 的加入，相比传统 LDC，进一步提升了 11.57%～76.83% 的吞吐性能，也解决了在纯读负载中的性能问题，在全部测试负载中最佳。这主要归功于自适应 LSM-tree 结构，其不仅从合并机制上动态调整，见式（4.1），通过加速链接数据片段的合并以改善读性能，同时，及时根据负载特征自适应地调节 LSM-tree 的形态，不论读写比例如何变化，ALDC-DB 的整体自适应结构都可以通过性能预测模型找到相对适合当前负载的 LSM-tree 结构形态。

4.4.3　延迟影响性能评估

本小节将对混合负载 Splc LADC-DB 和其他对照组的延迟指标进行测试。延迟指标分为平均延迟和百分比延迟（P90、P95 和 P99），测试结果如

图 4.15 所示。

首先，RocksDB 在 LevelDB 的基础上对平均延迟和尾延迟部分做了优化，RocksDB（Universal）偏向写入性能，合并粒度较大，导致系统抖动及尾延迟偏高，而基于 LevelDB 的 UDC 和 CuttleTree 未涉及核心合并机制的自适应方法，对于延迟方面尤其是尾延迟问题的处理就比较困难。

其次，由于 LDC 和 ALDC 有效控制了合并粒度，提升了合并操作的效率，有效降低了写放大带来的影响，所以在平均延迟和尾延迟方面都比较优秀。采用自适应机制的 ALDC 可以更加有效地解决合并带来的写入放大，更精细地控制合并粒度，因此平均延迟达到最低的 25.67s。在尾延迟方面（P90、P95 和 P99），ALDC 相比 UDC 能够有效降低 P95 延迟达 50.51%，降低 P99 延迟达 63.30%。

回顾前面关于自适应 LSM-tree 结构的性能分析，LDC 和 ALDC 都能够将潜在的大规模合并操作通过两阶段合并算法进行拆分，因此，由于合并而导致的系统阻塞发生的概率就会很小。这实际上在图 4.13 中也可以看出，LDC 和 ALDC 吞吐性能的抖动范围相对比较小，那么反映在延迟方面，尤其是尾延迟的指标就相对优异。

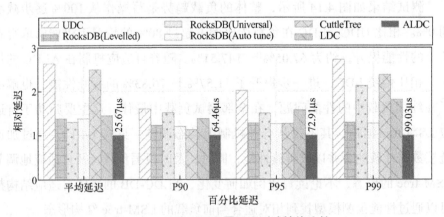

图 4.15 平均延迟和尾延迟测试性能比较

4.4.4 内部相关结构性能评估

本小节将对 ALDC-DB 内部相关结构进行性能评估，包括核心的合并机制性能分析，布隆过滤器性能测试，以及系统的扩展能力和空间占用等方面的测试评估。

（1）合并机制内部 I/O 规模和粒度评估

在自适应 LSM-tree 结构中，合并机制的性能表现是很重要的一部分，直接影响到系统写入性能和 LSM-tree 的写放大率。图 4.16 展示了混合负载 Splc 在执行 60M 混合操作时系统内部累积的合并 I/O 规模、累积的合并操作数量及平均的合并 I/O 粒度。

从图 4.16（a）可以看到，相比 UDC，LDC 组可以降低近 50% 的 I/O 开销，从 80.94GB 降低到 44.7GB。ALDC 进一步使之降低至 40.5GB，这部分减少主要来自混合负载 Splc 的写密集负载部分，因为这样可以积累更多的数据以减小写放大的影响，进而提升吞吐性能。

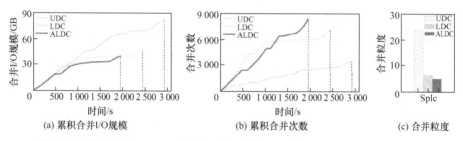

(a) 累积合并 I/O 规模　　(b) 累积合并次数　　(c) 合并粒度

图 4.16　混合负载 Splc 下合并机制产生的 I/O 规模、合并次数及合并粒度

整个实验过程中合并操作随时间的累积值记录如图 4.16（b）所示，LDC 和 ALDC 的累积次数远大于 UDC，其中 ALDC 为 8 537 次，LDC 为 7 219 次，UDC 为 3 474 次。通过简单计算可以得到如图 4.16（c）所示的平均合并粒度，ALDC 和 LDC 有效减少合并粒度的规模分别达到 80% 多和近 80%。这也是 ALDC 在平均延迟和尾延迟影响测评中表现优异的原因，即较小规模的可控合并粒度确保了延迟能够处于一个比较稳定的状态。同时，小粒度合并规模可以避免对系统 I/O 资源与用户的竞争，减轻系统负担，有效提升系统的吞吐性能。

（2）布隆过滤器性能评估

前面章节介绍了底层驱动合并机制下用户读操作的改动流程，虽然链接的数据片段增加了读操作的路径长度，但是由于布隆过滤器的存在，可以有效减少因为读操作而带来的 I/O 开销。图 4.17 所示的对应的实验对布隆过滤器的尺寸大小和吞吐性能的影响进行了测试。测试依然基于混合负载 Splc，整体操作数量为 60M，其中读操作 40M，占比约为 66.6%。键值系统中提供了 bits-per-key 的配置选项来设置每个键值在布隆过滤器所占用的比特数量，这里选取了 1 ～ 128bit 的测试区间。系统吞吐性能经历一个先升高后走平的性能曲线，在 bits-per-key 的取值为 8 时基本达到了最佳点。

在 ALDC-DB 中布隆过滤器提升性能的有效性实验如图 4.18 所示。图中实体部分代表了布隆过滤器的有效性，即在过滤器为真的情况下，真实去执行 I/O 读取数据的统计次数 N_p，这里暂不考虑假阳性的问题。虚线部分代表了布隆过滤器为假的统计次数 N_n，即发挥过滤器作用节省 I/O 开销的次数。这里将布隆过滤器的效率定义为 $N_p / (N_p + N_n)$，可以反映布隆过滤器在降低读开销方面的能力。

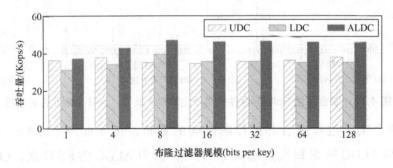

图 4.17　不同规格布隆过滤器的吞吐性能比较

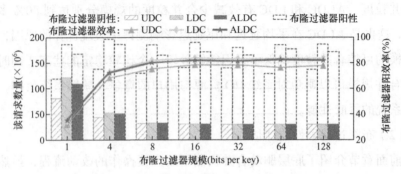

图 4.18　不同规格布隆过滤器对读性能的提升

从图 4.18 可以看到，LDC 和 ALDC 可以通过布隆过滤器尽可能减少 SliceLink 引起的额外读开销。自适应结构机制使得 ALDC 可以进一步降低底层合并机制带来的读性能影响，并且布隆过滤器的大小设置为 8 时，就已经可以取得较好的过滤性能。

（3）扩展性和空间开销性能评估

本部分将对 ALDC-DB 键值存储系统的扩展性和空间开销进行测试评估。测试对象为 UDC、LDC 和 ALDC 共 3 组，每组混合负载 Splc 的操作规模都从 60M 递增到 1 200M。不同数据规模下的扩展性比较如图 4.19 所示。随着数据规模从 60M 增长到 1 200M，ALDC 和 LDC 均保持了稳定且领先的吞吐性能。在吞吐性能方面，ALDC 相比 UDC 取得了 38.6%～70.82% 的性能提升。在合并机制 I/O 规模控制方面，ALDC 对比 UDC 有效减少了合并 I/O 达 37.84%～54.72%。实验结果证明了 ALDC-DB 具备较强的扩展性能，适合大数据等方面的应用。

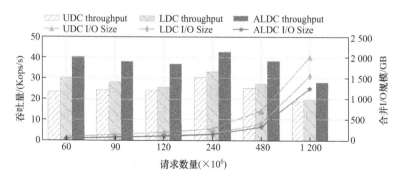

图 4.19　不同数据规模下的扩展性比较

另一方面，为了减少频繁的 I/O 开销，底层驱动合并机制本质上也采用了推迟合并时机的思路，这就延后了数据更新和垃圾回收的时间，可能会对 SSD 造成一定的空间浪费。由图 4.20 可以看到，LDC 和 ALDC 并没有引入过多额外的空间开销，这是因为两阶段合并算法本质上增加的部分仅仅是 SSTable 的元数据部分，所占空间非常小。实验结果显示，相比 UDC，LDC 仅带来了 1.19%～6.12% 的额外空间开销，ALDC 带来了 6.63%～10.26%

的额外空间开销。

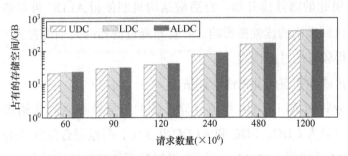

图 4.20　ALDC 并不会带来过多的额外空间开销

　　因此，ALDC-DB 键值存储系统具备了良好的扩展性能，并不会因数据规模的上升而导致性能急剧下降，并且，ALDC-DB 实现所占用的空间开销比较小，相比对键值存储系统的性能提升，这一部分的空间开销还是非常具有性价比的。

4.5　本章小结

　　传统 LSM-tree 键值存储系统通常采用 UDC 来实现数据重组和空间回收，但是，UDC 合并过程的数据规模不可控制，合并操作会产生严重的写放大问题，大量占用系统 I/O 资源，降低系统的吞吐能力，同时导致较严重的系统抖动，出现严重的尾延迟等问题，造成系统服务质量下降。

　　针对这个问题，本章提出了自适应 LSM-tree 结构的键值存储系统 ALDC-DB，其中自适应的合并机制 ALDC 可以针对负载的特征实时调整合并时机、规模和粒度，同时结合 LSM-tree 相关形态特征的自适应调整可进一步增强系统的实用性，相比传统 LDC 可进一步提升系统的吞吐性能，降低系统延迟，有效降低尾延迟带来的影响。通过混合负载的测试评估可知，在动态负载下，ALDC-DB 有着良好的适应性，能够根据负载特征实时调整，同时具备良好的扩展性能，能够在大规模数据应用场景下保持良好的性能表现，具备广泛的应用前景。

第5章 基于相关性的 LSM-tree 键值存储自动调优

对于现代键值存储系统而言，一种配置优化难以适应复杂的负载和资源限制，而强化学习为键值存储系统自动优化带来了新的机遇。基于强化学习的方法通常依赖于大量的离线训练，即通过大量试错的方式对海量参数组合进行性能评估，用于建立自动调优模型。由于需要真实地在存储系统上进行读写性能评测，因此这个评估过程成为自动调优系统中最为耗时的部分。换言之，这是一种"零知识"实现自动调优的方法，过程中充斥着大量低效的性能采样，并没有相关的经验和规则来对整个过程加以限制，造成时间和资源的浪费。因此，本章提出了一种基于相关性的键值存储自动调优系统 XTuning，相关性模型定义了配置集合间及负载间的相关性关系特征。系统利用相关性规则预先过滤掉低效采样组合，加速强化学习的离线训练过程，并且提出多实例机制模型 MIM 以支持复杂负载的细粒度调优，进一步提升键值存储系统的性能。此外，本章将结构性优化以抽象接口的形式集成到 XTuning 中，进一步提升了 LSM-tree 键值存储系统的自动调优能力。实验表明，XTuning 有效减少了离线训练时间开销，通过内外结合的调优方式进一步使吞吐和延迟等性能得到了提升。

5.1 引言

作为大数据时代的重要基础设施，数据库系统性能的自动调优一直是工业界和学术界非常关注的研究方向。这是因为，现代数据存储应用的场景更加复杂，而且与之对应的软硬件资源差异也更为巨大。目前，数据库优化主要分为两个方向，一个是基于外部配置选项（Configuration Knob）的优化，另一个就是基于内部结构性的优化。现代数据库系统通常会给用户提供大量的可配置选项以满足使用者特殊的应用场景。例如，常见的关系数据库 MySQL[9] 和 PostgreSQL[18] 各自提供了超过 200 个可配置优化选项。随着键值存储系统的兴起，主流的键值数据库如 RocksDB[11][13][80] 也为用户提供了超过 100 个优化选项。传统的关系数据库等应用纷纷选择键值存储作为自身底层存储引擎，如在 Snowflake[82] 中的 FoundationDB[83] 存储引擎及 MyRocks[61] 中的 RocksDB。在分布式系统中，键值存储同样也得到了广泛的应用，如分布式数据库 TiDB[59][84]、CockroachDB[85][86]；在分布式图存储中，有 NebulaGraph[87]、HugeGraph[88] 及 ArangoDB[89] 等。可以看到，由上百个可配置选项组成的求解空间仅依赖人工是无法完成的，换言之，在巨大的连续空间内求解优化本身就是一个 NP-hard[56] 的难题。

现有的基于配置选项的自动优化方法在训练模型阶段会产生一定的开销。这是因为在建立配置选项和性能指标之间的性能模型时，由于软硬件资源的差异化，必须根据当前应用的实际环境重新进行训练。而由于这样的训练过程需要通过真实的数据存储操作来进行性能评估，因此会大量占用时间和资源。在巨大的可配置选项参数空间内进行性能评估是现有自动调优系统时间开销最主要的部分。通过对现有自动调优系统结构分析发现，有一些低质量的性能评估的轮次是可以被省略跳过的。也就是说，利用配置选项之间的相关性关系，可以在性能评估之前筛掉不符合相关性规则的测试轮次，降低离线训练的成本。现有的自动调优方法是粗粒度的优化，缺乏对基于 LSM-tree 的键值存储系统这种对负载读写比例等特征比较敏感的键值存储系统的针对性优化方案。

然而，现有的很多针对 LSM-tree 键值存储系统的优化工作都在结构内部进行优化，如解决 LSM-tree 合并机制带来的写放大问题等。相比外部基于配置选项的自动优化方法，内部结构性优化方案更具备针对性，能够从根本上解决 LSM-tree 键值存储系统在一些特殊场景下的应用，但这样基于某一个点的优化也容易陷入所谓的局部最优的困境，难以实现全局的最佳优化。

针对这些问题，本章提出了基于相关性的 LSM-tree 键值存储自动调优系统 XTuning，通过相关性专家规则为强化学习训练阶段进行加速，针对复杂多变的负载应用场景下利用相关性规则提供细粒度的调优方法，进一步提升键值存储系统性能。同时，本章将传统的内部结构性能优化通过抽象配置的方法嵌入键值存储系统中，降低了 LSM-tree 本身结构上写放大问题带来的影响，解决了外部自动调优机制无法处理的内部结构性问题。通过内外结合的思路，XTuning 能够减少 LSM-tree 键值存储系统最多 77.67% 的训练时间成本，并且提升最多 64.26% 的吞吐性能。同时，由于结构性优化的引入，进一步降低尾延迟影响达 63.45%。

本章主要内容如下。

（1）提出了基于强化学习相关性的 LSM-tree 键值存储系统自动调优系统 XTuning，利用相关性专家规则加速调优系统。

（2）将结构性优化引入 XTuning 的核心算法 PEKT（Progressive Expert Knowledge Tuning），并且引入多实例机制 MIM（Multi-instance Mechanism），进一步提升 LSM-tree 键值存储系统对复杂负载的自适应能力。

（3）通过实验，证明相关性专家规则和结构性优化的引入使得 XTuning 在减少离线训练时间和提升键值存储系统性能方面超过了现有的代表性工作 CDBTune。

本章剩余部分的内容安排如下：5.2 节介绍了 LSM-tree 键值存储系统在性能自动调优方面存在的问题及相关研究。5.3 节介绍了基于相关性的键值存储自动调优系统 XTuning 在设计与实现等方面的具体优化措施。5.4 节对所提出的自动调优系统 XTuning 及相关模块进行测试评估。5.5 节对本章内容进行总结。

5.2　问题描述

键值存储系统的自动调优存在的问题分为两个方面：一方面，外部基于配置选项的自动调优可以有效提升键值存储系统整体性能水平，但仍然无法解决 LSM-tree 键值存储系统内部的结构性问题，如写放大、空间放大等问题；另一方面，内部结构性优化可以有针对性地解决某一个问题点，但是这种优化往往会错过全局最优，陷入局部最优的困境。

5.2.1 自动调优的时间开销

以具有代表性的基于强化学习数据库的自动调优系统 CDBTune[54] 为例，在训练过程中，实际上最费时间的并不是强化学习网络训练过程。时间开销最大的实际上是测试数据库性能的过程，如图 5.1 所示，即通过评测工具（Benchmark）输出工作负载到对应数据库，然后收集所需的吞吐或延迟等性能指标，作为强化学习网络训练过程中的奖励值 reward。

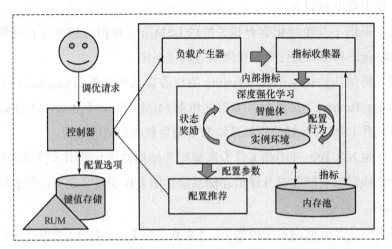

图 5.1 基于强化学习的键值存储自动调优系统训练过程

在这个过程中，需要不断重新对数据库载入数据和执行操作，还需要持续一段时间进行读写来测试性能。尽管一轮测试的时间并不多，但强化学习网络收敛需要迭代的轮次随着配置选项 knob 的增多而增多。这就导致有可能只是测试数据库性能阶段就花费了数十小时到数天时间，增大了调优系统的训练时间，同时降低了系统的实用性。

5.2.2 键值存储的结构性优化

前面的章节已经介绍了 LSM-tree 键值存储系统的一些结构性优化的方法。通过理论分析和实验评测可以知道，结构性优化有针对性地从 LSM-tree 内部的关键结构进行改造以达到目的、满足需求，而现有的数据库自动调优系统大多数是基于配置选项进行参数筛选优化的，即仍把数据库作为黑盒，在外部采用自动优化方法达到目的。那么，对于 LSM-tree 键值存储系统本身存在的写放大问题、合并机制的抖动延迟，实际上是没有办法仅从外部就可以解决的。因此，基于机器学习的外部自动调优解决"治标"的能力，内部结构优化具有"治本"的优势，二者有机结合，才能真正实现自动调优系统对性能提升的标本兼治。

5.2.3　相关研究

目前已有一些面向传统关系数据库和新型键值存储的自动调优工作。下面将从基于配置选项的外部自动调优及基于结构性优化的内部自适应优化两方面对现有的相关研究工作进行一个简单的介绍。

（1）基于配置选项的外部自动调优

现在存储系统在计算能力、内存性能及持久化存储设备等方面有着巨大的差距。存储系统性能的优化很难再依赖系统管理员人工进行优化。以内存为例，容量的跨度可以在 MB 和 TB 之间，而且不同的介质又有着完全不同的性能表现，但是硬件特征和对应的系统性能本身又不是简单的线性关系。因此，我们需要解决在巨大的配置选项参数空间内的自动调优系统的问题。

BestConfig[55] 使用了基于搜索的策略来寻找最佳的性能优化配置，搜索策略时间开销较大，并且在新的调优请求进来后需要重启应对，而且，BestConfig 依赖于历史调优经验，如果对于新的调优请求未搜索成功，则会失败。因此，基于学习策略的自动调优方法较为流行，OtterTune[56] 会对数据库管理员的历史调优经验进行学习，但是这就需要预先提供高质量的调优配置采样。CDBTune[54] 基于深度强化学习方法，利用深度确定性策略梯度 DDPG，通过不断试错（try-and-error）的方式，在大量的性能评估测试中找到性能最优的配置选项。QTune[57] 也基于深度强化学习，重点关注对上层 SQL 查询语句的特征进行自动调优，按照部署环境分为查询级别、多负载级别和集群级别。

（2）基于结构性的内部自适应优化

基于配置选项的自动调优不应该是数据库存储系统优化的最终目标。传统的关系数据库由于历史原因，通常有比较多的兼容性包袱，并且有一些没有选择开放源代码，这些因素都成为对其进行内部结构性优化的障碍。相反，随着开源运动的兴起，键值存储系统成为许多项目存储系统引擎的主要选择。键值存储引擎不仅活跃在传统的关系数据库，其还在新兴的分布式应用、图存储等方面很活跃。另一方面，随着大数据、自媒体时代的到来，用户负载中的写操作比例逐步提高，写入数据量比例增加，这也对存储系统提出了新的要求。根据脸书公司对自家社交数据的分析，写操作比例已经达到 33.3%[11][90]。因此，倾向于写优化的 LSM-tree 键值存储系统逐渐得到各方使用者的青睐，脸书公司逐步将自家的数据库系统底层存储引擎替换为MyRocks[61]，学术界对键值存储系统的优化工作也成为持续的热点。

SILK[16] 关注 LSM-tree 键值存储系统的延迟抖动问题，因此设计了专门的 I/O 调度模块实现动态分配资源，最大程度上保证系统服务质量。前面章节所提出的底层驱动机制 LDC[91] 和自适应 LSM-tree 键值存储系统 ALDC-DB[92–93] 也关注 LSM-tree 的写放大和尾延迟等问题，通过实现细粒度的合并机制及自适应的 LSM-tree 结构，从另一个角度对键值存储系统的服务质量提升进行了一次初步的探索。Dostoevsky[48] 提出了一种混合的自适应策略，根据应用场景的不同，使用对应的合并机制，减少那些不必要的合并所带来的开销。AC-Key[94] 将键值存储系统的缓存（Cache）进行了细分，将其分为键值缓存、键 Key 指针缓存和块缓存 3 类，通过设计自适应的缓存算法（Adaptive Replacement Cache，ARC）动态调整 3 种缓存的尺寸，以提升缓存系统的效率。Lethe[95] 的关注点为 LSM-tree 键值存储系统中删除操作对性能的影响，提出了快速删除（Fast Deletion，FADE）方法来避免对延迟和空间资源的影响。Monkey[46] 关注 LSM-tree 键值存储系统中可以提升读性能的布隆过滤器，降低过滤器资源占用，提升系统读性能。Bourbon[96] 延续了WiscKey[15] 键值分离的思想，利用机器学习为 LSM-tree 键值存储系统中的SSTable 文件进行有选择性的构建学习索引，加速 LSM-tree 键值的点查询性能。

5.3　基于相关性的自动调优系统 XTuning 的设计与实现

从前面章节的相关研究可以了解到，现有的数据库自动调优系统在建立调优模型进行离线训练阶段时，会给时间和系统资源方面造成较大的开销。为了进一步降低自动调优系统的应用成本，本节面向 LSM-tree 键值存储系统提出了基于相关性的自动调优系统 XTuning。下面将从系统的架构设计、系统模块实现等方面介绍 XTuning 系统加速自动调优原理。

5.3.1　XTuning 整体架构设计

现有的基于机器学习的数据库自动调优系统普遍存在两个关键问题：① 通常采用比较粗粒度的方式，没有对小幅度变化的负载提供较为精细的调优；② 巨大配置选项组合空间内用于离线训练必备的性能评估耗时较长。为了解决这个问题，本节提出了基于相关性的 LSM-tree 键值存储自动调优系统 XTuning，其不仅可以加速离线训练过程，也可以进一步提升键值存储系统调优的性能空间。XTuning 系统的整体架构设计如图 5.2 所示，分为 4 个主要模块。

（1）目标系统模块（System module）

目标系统模块即需要对其自动调优的目标系统，本节以 LSM-tree 键值存储系统及性能评测工作 YCSB 作为目标系统模块。

（2）自动调优模块（Auto-tuning module）

自动调优模块向目标系统推荐高性能的配置选项组合，每一个实例模型都针对某一种特征的工作负载。

（3）外部专家规则模块（External expert rules module）

外部专家规则模块主要负责目标系统性能提升，主要包含有针对细粒度负载调优的多实例机制 MIM 和结构性优化 FCC。

（4）内部专家规则模块（Internal expert rules module）

内部专家规则模块主要负责调优系统训练加速，通过配置选项间及负载间的相关性规则减少不必要的性能评估开销，加速自动调优的离线训练。

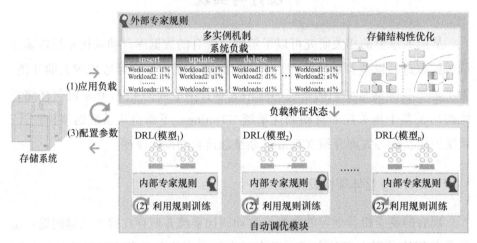

图 5.2　基于相关性的 LSM-tree 键值存储自动调优系统 XTuning 的整体架构

　　本节主要实现的是基于 LSM-tree 键值存储系统的自动调优，XTuning 运行的基本流程如图 5.2 所示，图中箭头代表了 XTuning 的训练过程。首先，外部专家规则模块对输入系统的负载进行分类识别，然后将其传递到对应的强化学习模块中，接着，自动调优模块接收负载特征信息及其他相关重要参数后，就可以在内部专家规则模块的帮助下开始训练其自身的深度网络模型，最后，自动调优模型将推荐的配置选项反馈到目标系统，不断循环这个过程，直到核心算法收敛稳定。

5.3.2　内部专家规则模块实现

　　强化学习算法通常采用 try-and-error 的策略来探索巨大的参数组合空间，对于数据库调优来说，这需要大量的数据库性能测试才能确定最优的配置，而这一过程是无法通过 DBA 人工完成的。

　　（1）基于配置选项的相关性规则

　　相关性规则的结构类似于二维表格，见表 5.1，XTuning 利用该结构在不同负载下提供一个细粒度的优化方法。$r_{i \to j(\cdot)}$ 代表了两个配置选项 $knob_i$ 和

$knob_j$ 之间的相关性，如正相关（+）、负相关（−）和不相关（φ）等情况。

表 5.1　基于配置选项的相关性规则表结构

Workload$_i$	knob$_1$	knob$_2$	$\cdots$	knob$_{n-1}$	knob$_n$
knob$_1$	—	—		—	—
knob$_2$	$r_{2\to1(+)}$	—		—	—
$\vdots$	$\vdots$	$\vdots$	$\vdots$	$\vdots$	$\vdots$
knob$_{n-1}$	$r_{n-1\to1(-)}$	$r_{n-1\to2(-)}$		—	—
knob$_n$	$r_{n\to1(+)}$	$r_{n\to2(-)}$		$r_{n\to n-1(\phi)}$	—

设计相关性的原因在于配置选项之间天然地存在一些相关性关系，例如，在 LSM-tree 键值存储系统中，有两个配置选项分别设置数据块大小（$knob_{block\_size}$）和块缓存大小（$knob_{block\_cache\_size}$），而块缓存可以加速数据块的访问，提高系统吞吐性能。这两个选项共同决定了可以缓存的数据块数量及缓存的命中率。假设已经存在这样一条相关性规则，即两个选项遵循 $knob_{block\_cache\_size} \gg +n \cdot knob_{block\_size}$ 的关系。可以看到，这样的设置是可以有效提升缓存的可用性和效率的，有利于提升缓存的命中率。但相反，如果这两个选项不符合上述关系，比如 $knob_{block\_cache\_size} \leqslant knob_{block\_size}$，则意味着这样的配置的系统性能会很差，没有作为性能测试的候选组合的价值。

对于显式与隐式相关性规则，随着自然语言处理的流行，面向网络文档 NLP-enhanced 的数据库自动调优系统[97] 被提出。其通过在线搜索相关调优文档内容学习优化配置，为数据库自动优化开辟了一个新的方向。但即使基于先进的 BERT[98] 模型，仍然需要较多的训练开销，轻量级的调优框架还是更加实用。虽然显式的调优知识可以通过网络直接学习，但是对于一些隐含于存储结构内部的相关性则不那么容易进行挖掘推理。

表 5.2　显式与隐式的相关性规则

配置选项描述	相关性规则	获知程度
显式 block_size	block_size $\geq n \cdot \text{FSBLK\_SZ}$	了解基本的文件系统知识
隐式 $r_{\text{write\_buffer\_size} \to \text{max\_file\_size}}$	write_buffer_size $\geq +2.0 \cdot \text{max\_file\_size}$	熟悉存储引擎的架构代码

可用 LevelDB 中两组典型的配置选项来解释显式与隐含相关性规则，见表 5.2。在 LevelDB 中，配置选项 block_size 通常会遵循 block_size ≥ $n \cdot$ FSBLK_SZ 的规则，这是因为应用数据块的大小符合文件系统块的整倍数才会高效利用空间，避免空间碎片。这一条简单的相关性规则很容易理解，在用户手册等资料中很容易得到。

对于隐式规则，仍然以 LevelDB 中写缓冲 $\text{knob}_{\text{write\_buffer\_size}}$ 和最大文件限制 $\text{knob}_{\text{max\_file\_size}}$ 为例。因为写缓冲满了之后会持久化为 SSTable 文件，这个序列化过程会伴随数据压缩等过程，因此存在隐含的相关性规则 $\text{knob}_{\text{write\_buffer\_size}} \geq 2.0 \cdot \text{knob}_{\text{max\_file\_size}}$。由于写缓冲数据压缩后形成的文件体积会变小，因此为了避免产生过多的文件碎片，2 倍于文件大小的限制是比较合适的关系，这有助于减小空间放大，而这样的规则需要具备一定的 LSM-tree 结构代码知识，并不是简单通过网络文档就能轻易获取的，但不论显式规则还是隐式规则，如果有这样的专家规则辅助强化学习的离线训练过程，都可以有效减少训练的时间和资源开销。进一步，相关性规则具有持续的可更新性，随着知识积累不断丰富，未来可以实现公众专家规则库，面向大众开放。

（2）利用内部相关性规则加速调优

根据 CDBTune 强化学习部分的训练过程可以看出，实际上最费时间的并不是 RL 网络训练过程，而是测试数据库性能的过程，如图 5.3 所示，其为 RL 网络提供了吞吐和延迟的奖励值。在性能测试阶段，需要重新加载数据库中的数据，之后再持续进行读写来测试性能，一轮测试需要 5 ～ 10 分钟，而 RL 收敛需要迭代的轮次随着配置选项数量的增多而增多，可能测试会达到几百轮甚至几千轮，仅仅测试数据库性能阶段就花费了一天到一星期的时间，大大增加了调优系统的训练时间，使其可用性降低。

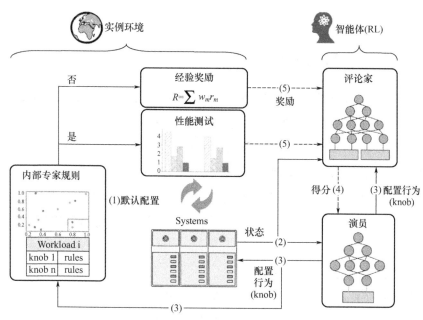

图 5.3　XTuning 的相关性模块加速强化学习训练过程

为了解决训练过程中时间开销较大的问题，我们在 XTuning 中实现了内部专家规则模块，如图 5.3 所示。由图可见：①如果此时强化学习模块输出的配置选项 knob 值的相关性符合内部专家规则，则说明站在经验者的角度，此时配置有可能是性能优秀的取值，那么奖励值将通过性能测试模块来确定，如图 5.3 所示；②如果此时 RL 输出的 knob 值不符合内部专家规则，说明 knob 极有可能是性能很差的 knob，那么没必要进行性能测试，将直接由专家经验代替性能测试来确定奖励值，如图 5.3 所示。这样设计可以大大减少针对已知大概率性能不好的 knob 进行的测试，从而节省训练时间和资源成本。

简单来说，在 XTuning 的离线训练阶段，内部专家规则直接参与并加速强化学习网络的训练过程。当训练过程中得到的配置选项 knob 与专家规则不匹配时，则直接跳过性能测试阶段，根据经验设定相应的奖励值，以达到缩短训练时间的目的。另外，内部专家规则只服务于 XTuning 的训练阶段，对离线训练进行加速，而不作用于实际的调优阶段。

5.3.3 外部专家规则模块实现

外部专家规则模块主要实现 XTuning 在复杂负载下为 LSM-tree 键值存储系统提供更为精细的调优模型，而现有 CDBTune[54] 所提供的调优是粗粒度的。虽然现代键值存储系统也提供了大量的可调配置选项应对性能优化，使得自动调优系统离线训练阶段需要进行大量的性能测试来筛选优质的配置组合，但是这个性能测试过程需要真实地读写数据到存储系统，成为强化学习调优过程时间和资源开销最为庞大的部分。

（1）配置选项的筛选

康奈利（Kannellis）[99] 提出，在某些场景应用中，仅仅需要调整 5 个配置选项就可以使 Cassandra 最优配置 99% 的性能。OtterTune[100] 基于 DBA 历史的调优经验，选择合适的配置选项。CDBTune[5] 采用相对随机的策略，在预先定义的范围内选取合适的配置选项进行性能测试。因此，筛选关键性配置选项 [101] 同样可以有效减少离线训练成本。

XTuning 利用专家知识规则进一步加速这个过程。不同负载下配置选项 knob 的重要性规则见表 5.3。由表可见，不同配置选项 knob 的重要性在不同负载下是不一样的。$w_{n \to i}$ 代表了 $knob_n$ 在负载 $Workload_i$ 下的权重。例如，设置写缓冲的配置选项实际上和纯读负载（100%read）的相关性几乎为零。因此，可以借助该表格的成本和性能做一些均衡，例如，仅采用前 k 个配置选项进行训练，可大大减少离线训练阶段的成本。

表 5.3 不同负载下配置选项 knob 的重要性规则

选项	Workload$_1$	Workload$_2$	$\cdots$	Workload$_{i-1}$	Workload$_i$
knob$_1$	$w_{1\to1}$	$w_{1\to2}$		$w_{1\to i-1}$	$w_{1\to i}$
knob$_2$	$w_{2\to1}$	$w_{2\to2}$		$w_{2\to i-1}$	$w_{2\to i}$
$\vdots$	$\vdots$	$\vdots$	$\vdots$	$\vdots$	$\vdots$
knob$_{n-1}$	$w_{n-1\to1}$	$w_{n-1\to2}$		$w_{n-1\to i-1}$	$w_{n-1\to i}$
knob$_n$	$w_{n\to1}$	$w_{n\to2}$		$w_{n\to i-1}$	$w_{n\to i}$

同时，选择对应配置选项的取值也是非常重要的。BestConfig[55] 基于分层抽样的 DDS 方法对选取参数空间进行采样。拉丁超立方采样（Latin Hyper-cube Sampling，LHS）[99] 也基于该思想，如图 5.4 所示，LHS 将配置选项的取值进行了 N 等分，在每一个区间内随机选取一个值。相比蒙特卡罗采样（Monte Carol Sampling，MCS）[102] 方法，其利用 LHS 确定配置选项的取值，使得性能测试更加高效。举例来说，机器物理内存的大小决定了键值存储系统内部缓冲容量的上限。应用场景也进一步影响采样取值的有效性，例如，应用的数据访问粒度为 MB 级别，那么实际上没有必要在 KB 级别的范围内设置采样点。因此，在进行采样点取值时，XTuning 借助专家规则进一步提升了采样过程的效率，减少了在训练阶段的成本开销。

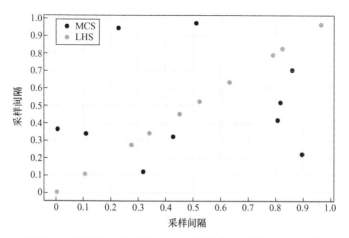

图 5.4 拉丁超立方采样 LHS 和蒙特卡罗采样 MCS 比较

（2）适应复杂负载的多实例机制 MIM

在真实的应用场景下，工作负载一般都是不断动态变化的。目前现有的基于强化学习的自动调优[54]方法还不能应对变化较小的动态负载并进行高性能配置的推荐。因此，XTuning 提出了一种面向复杂负载的细粒度分类调优模型，即多实例机制（Multi-instance Mechanism，MIM）。由于 LSM-tree 键值存储系统本身的结构特性，其对于负载的读写比例特征比较敏感，因此将负载读写特征按照一定区间进行划分，训练多个模型实例帮助自动调优模块实现细粒度、精准调优推荐，见表 5.4。

表 5.4　基于细粒度负载特征的多实例机制 MIM

Write/%	$(0, A_1]$	$(A_1, A_2]$	$(A_2, A_3]$	...	$(A_{i-1}, A_i]$
Instance	$model_1$	$model_2$	$model_3$	...	$model_i$
Read：Scan	$a_1 : b_1$	$a_2 : b_2$	$a_3 : b_3$	...	$a_i : b_i$
Threshold	Th_1	Th_2	Th_3	...	Th_i

外部专家规则根据用户给定的工作负载的读写比参数对 XTuning 中的自动调优模块进行了分类，如图 5.5 所示。XTuning 会根据这些种类的负载来分别训练每一种网络。在实际情况中，多实例机制监控负载的变化。在达到阈值后，多实例机制会根据 workload 类型控制 CXTuning 改变服务于数据库的自动调优模块类别，并向数据库推荐高性能配置选项。

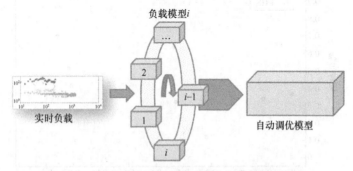

图 5.5　多实例机制 MIM 实现复杂负载细粒度调优

需要注意的是：① CXTuning 输入输出及自动调优模块的内部结构固

定，所以在实现多实例机制时，只需要建立一套通用的神经网络框架来加载不同模型对应的内部节点参数即可，而不用真正建立多套神经网络结构。②在 CXTuning 训练多类模型时，人工生成的负载占比的范围满足对应模型范围内随机的值即可。③多实例机制可以根据用户实际需求来生成自定义数量的模型并可以自定义其他参数。

在实际服务周期中，随着负载的动态变化，XTuning 也应该动态地推荐适合当下的配置选项。因此，区别于 CDBTune 对负载粗粒度划分，XTuning 利用多实例机制，可对负载进行细分类，从而根据不同类别进行细粒度调优推荐。

5.3.4　基于专家规则的调优算法 PEKT

前面介绍了 XTuning 中外部专家规则模块和内部专家规则模块具体的实现原理。内部专家规则模块加速了强化学习的训练过程，而外部专家规则模块通过细粒度的优化方法进一步提升了 XTuning 自动调优系统对 LSM-tree 键值存储系统优化的性能上限，而这两部分模块共同组成了 XTuning 内部的核心，构成了基于专家知识的调优算法（Progressive Expert Knowledge Tuning，PEKT）。这里将 PEKT 算法划分为训练（Training）阶段和运行（Running）阶段。

在 PEKT 训练阶段，外部专家规则模块生成多实例机制模型 MIM（Line1），根据负载的读写特征划分为不同的模型，见算法 5.1，然后，根据多实例机制 MIM 对应的模型生成对应的强化学习网络参数（Line4）。进入训练循环后，内部专家规则模块通过条件判断的方式来确定当前强化学习网络 RL_i_actor 推荐的配置 knob 是否符合相关性规则（Line7）。如果本次推荐的配置符合相关性检测，则认为这是一组可能高效的取值，值得系统通过 YCSB 并在键值存储系统通过性能测试得到真实的性能反馈，作为本次的奖励值（Line8）。相反，如果本次推荐配置不符合相关性检测，即从理论上就可以判断这样的推荐键值很低或者无效，则不需要通过 YCSB 工具实际测得奖励值，用经验鼓励值替代即可（Line10）。

算法 5.1 XTuning 的核心 PEKT：训练 Training 阶段

输入：负载序列 $W_n\{W_1,W_2,\cdots,W_\tau\}$

1：$model_i \leftarrow$ external expert rules(W_n)

2：**In each episode:**

3：important parameters $\leftarrow$ Database(W_n)

4：$RL_i \leftarrow model_i$

5：**for** each time step β **do**

6：   knob $\leftarrow RL_i\_$actor(parameters)

7：   **if** internal expert rules(knob)==True **or** random()$< \epsilon$ **then**

8：   reward$_{RL_i} \leftarrow$ Evaluate(knob,parameters)

9：   **else**

10：   reward$_{RL_i} \leftarrow$ Experienced reward

11：   **end if**

12：   train $RL_i\_$critic(reward_RL)

13：   train $RL_i\_$actor(score)

14：**end for**

同时，针对相关性规则设置可能出现认知错误，这里简单利用一个很小的概率 $P(r<\epsilon)$ 进行随机探索，尝试那些原本被认定为低效的配置组合，实现对专家规则模块的一种自我改进（Line7）。

随着训练阶段 critic 和 actor 逐步收敛，进入 PEKT 算法的运行阶段，见算法 5.2。随着当前负载发生变化，XTuning 收到需要调整的信号，外部专家规则模块中的多实例机制 MIM 就会识别当前负载的特征（Line1），然后，将适宜的自动调优模型 $model_i$ 配置载入当前的强化学习网络中（Line3），随后，通过 $RL_i\_$actor 网络实现新的配置选项 knob 的推荐，对当前的目标系统进行更新。

算法 5.2　XTuning 的核心 PEKT：运行 Running 阶段

输入：负载序列集合 $W_n\{W_1,W_2,\cdots,W_\tau\}$

1：$\text{model}_i \leftarrow \text{external expert rules}(W_n)$

2：$\text{important parameters} \leftarrow \text{Database}(W_n)$

3：$RL_i \leftarrow \text{model}_i$

4：$\text{knob} \leftarrow RL_{i\_}\text{actor(parameters)}$

5.3.5　LSM-tree 结构性优化的实现

对于 LSM-tree 键值存储系统而言，分层次存储的结构决定了会存在写入放大的问题。对于磁盘介质而言，基本不需要考虑其写入寿命，但是对于寿命有限的新型存储介质，如 SSD、NVM 等，写入放大会加速硬件介质寿命的衰减，这对于数据存储的安全和成本都是一个巨大的挑战。同时，由于 LSM-tree 合并机制带来的性能抖动会影响系统的延迟等服务质量方面的指标，相比在键值存储系统外部配置选项的自动调优，这种方式并不能真正解决来自结构内部的副作用，因此把结构性优化引入自动调优系统中，能够有效降低在特定应用场景下的用户需求。

因此，本小节提出了一种抽象配置选项 knob 的方式，将细粒度可控的合并机制（Fine-grained Controllable Compaction，FCC）引入 XTuning 中。下面以典型的 LSM-tree 键值存储写入过程为例进行介绍，如图 5.6（a）所示。

用户数据写入后，最先存储在内存的 MemTable 中，写满后序列化到持久化存储设备中的 L_0 层，成为 SSTable。从 L_0 开始，一层的最大容量限制都是小于下一层的，层级之间最大容量的比值被称为扇出系数（Fan-out）。一旦 L_i 层的 SSTable 容量达到限制，便会选取一个向下合并的目标 SSTable T。合并机制需要将数据文件载入内存中进行合并操作，因此 SSTable T 的键值覆盖到下层的数量可能是 $1 \sim k$，而 k 就是 LSM-tree 的扇出系数。因此，根据定理 5.1，当前合并层级间的写放大率就近似于 $1 \sim k$，这就可能带来不可预测的性能抖动。

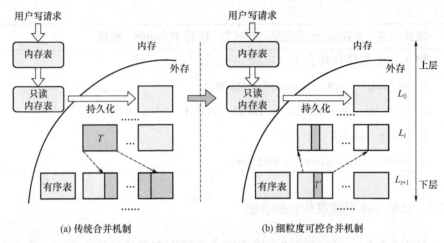

(a) 传统合并机制   (b) 细粒度可控合并机制

图 5.6 **传统 LSM-tree 键值存储系统合并机制与细粒度可控合并机制 FCC 的实现原理对比**

【**定理 5.1**】LSM-tree 的写放大率（Write Amplification，WA）在经典的合并机制中表示为 $O(k\log_k n)$（k 是扇出系数，n 是 SSTables 总量）。

正如式（5.1）所示，R_m 表示引入的结构性优化细粒度可控合并机制 FFC 中的合并率，$\sum_{i=1}^{n} S_i$ 表示下层累积的待合并数据片段 Slice 的数量总和，$F_{\max}$ 表示最大文件体积限制。$N_{\max}$ 的设置避免了累积过多的待合并片段 Slice 而过分影响读性能，一旦超过，则立即触发合并操作。因此，R_m 变量可以成为控制合并操作的粒度配置选项，通过调整可以实现偏向写入吞吐或者更加稳定的延迟表现。

$$R_m = \begin{cases} \left(\sum_{i=1}^{n} S_i\right) / F_{\max} & i < N_{\max} \\ R_{\text{th}} & \text{其他} \end{cases} \quad (5.1)$$

细粒度可控合并机制 FCC 的实现如算法 5.3 所示，目标待合并的 SSTable 选取遵循原始筛选机制。在 FCC 中，增加了额外的计算其链接数据片段 Slice 的步骤（Line1），这也正是控制合并机制粒度的关键环节。正如式（5.1）所描述的，这里有两个变量参数决定触发合并机制。$N_{\max}$ 的作用是限制所链接的 Slice 的数量，以避免数量过多时会使得读性能受到退化影响（Line2）。至少满足其中一个判断条件时，SSTable T' 和链接其上的 SSTable 片段会被载入内存中，完成合并操作（Line3 ～ Line5）。在合并操作完成后，产生了新的 SSTable T''，之前有些作为链接片段的 SSTable 的引用计数就会为 0，随后通过判断启动垃圾回收机制进行空间回收（Line5 ～ Line8）。

算法 5.3　细粒度合并机制 FCC

输入：目标待合并 SSTable T' 和链接其的数据片段 Slices 集合 $S\{S_1,S_2,\cdots,S_n\}$

1：　$R_m \leftarrow$ evaluate(sum(S))

2：　**if** $R_m \geqslant R_{\text{th}}$ **or** count(S)$\geqslant N_{\max}$ **then**

3：　　　load data(T',S)

4：　　　$T'' \leftarrow$ merge sort(T',S)

5：　　　**for each** $s \in S$ **do**

6：　　　　　$s.\text{ref} \leftarrow s.\text{ref}-1$

7：　　　　　**if** count($s.\text{ref}$)==0 **then**

8：　　　　　　　garbage collect(s)

9：　　　　　**end if**

10：　　　**end for**

11：**end if**

因此，通过上述算法的描述，将整个 FCC 机制抽象为一个专家配置选项并作为 PEKT 的一部分，使得 XTuning 能够对 LSM-tree 的合并机制更加高效地控制，从而有效提升吞吐性能及服务质量。

5.4　实验评估

本节对基于相关性的 LSM-tree 键值存储自动调优系统进行性能方面的实验评估，主要包括实验环境设置、训练时间开销评测、吞吐性能评测、延迟影响评测和 LSM-tree 键值内部 I/O 数据分析。

5.4.1 实验环境设置

实验评估所采用的配置信息见表 5.5，每一个性能评测轮次所使用的数据量都为 5GB，即对应 50MB 操作数量。键值对大小 Key 选取 16B，Value 大小为 1KB。实验性能评测基于 YCSB[63] 评测工具，这里选择 C++ 实现的版本 YCSB-C[73]。本节选择了具有代表性的 LSM-tree 键值存储系统 LevelDB 来进行评测。同时，在 LevelDB 上实现了粒度可控的合并机制（FCC）作为一种实现结构性优化的方式，通过抽象为可配置选项的方式提供给 XTuning 自动调优系统，以实现内外结合、全面优化的理念。实验的系统实现基于现有代表性的系统 CDBTune[54]。本节进一步修改和扩展了内部和外部专家规则模块。

表 5.5　实验评估所采用的配置信息

系统环境	配置信息
操作系统	Ubuntu 16.04 LTS
CPU	Intel（R）Core（R）i3-8100 @ 3.6GHz
内存	5GB
SSD	三星 860 256GB

5.4.2 训练时间开销评测

本小节对 XTuning 降低离线训练时间开销的能力进行评测，评测对象分为基准对象 CDBTune、内部专家规则模块（Internal Expert Rules，In-XP）、外部专家规则模块（External Expert Rules，Ex-XP）及包含所有优化模块的（Progressive Expert Tuning，PEKT）。本小节选择了比较典型的 3 种负载情况，分别是 100% 写（Write-Only）、100% 读（Read-Only）和读写均衡（Read/Write-Balance），用来测试 XTuning 减少离线训练的时间开销。

实验评测结果如图 5.7 所示。

首先，In-XP、Ex-XP 和 PEKT 三者均可以有效减少自动调优系统的离线训练时间。具体时间开销数据见表 5.6，相比代表性系统 CDBTune 的离线训练时间，XTuning 可以在 3 种负载下将训练时间降低到 23h、27h 和 35h。

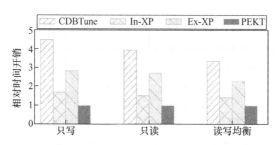

图 5.7　XTuning 各个模块对于训练时间的影响

表 5.6　XTuning 中的不同功能模块与 CDBTune 训练时间对比

模块	WO	RO	RWB
CDBTune	103h	106h	117h
In-XP	39h	41h	50h
Ex-XP	65h	73h	80h
PEKT	23h	27h	35h

其次，5.3 节介绍过，内部专家规则通过减少低效或无效的性能测试轮次来实现强化学习网络的训练过程的加速。因此，In-XP 模块可以在典型的 3 种负载工况下有效减少 62.14%、61.32% 和 57.26% 的训练时间开销。并且，5.3 节提出了面向细粒度调优的多实例机制 MIM，外部专家规则模块 Ex-XP 其本身仍然具备一定过滤性，和 In-XP 的加速原理类似。因此，相比 CDBTune，Ex-XP 仍然能够有效减少 36.89%、31.13% 和 31.62% 的训练时间开销。

进一步而言，综合了 In-XP 和 Ex-XP 优势的 PEKT 模块可以在 WO 负载下减少 77.67% 的训练时间开销，在 RO 负载下减少 74.53% 的训练时间开销，在 RWB 负载下减少 70.09% 的训练时间开销。通过实验测试结果可以看出，XTuning 基于相关性的专家规则模块有效地提升了自动调优系统的离线训练过程，增强了自动调优系统在复杂应用场景下的适应能力。

5.4.3　吞吐性能评测

本小节将对基于 LSM-tree 键值存自动调优系统 XTuning 进行吞吐性能方面的评测，测试对象分别为：默认配置的 LevelDB（作为 Default 组）、管理员人工调优的 DBA 组、具有代表性的自动调优系统 CDBTune、仅包含内部专家规则模块的 In-XP、仅包含外部专家规则模块的 Ex-XP 组和包含所有专家规则模块的 PEKT 组。

吞吐性能测试的结果如图 5.8 所示，PEKT 组取得了在不同读写比例下吞吐性能最佳的测试结果。与默认配置的 Default 组相比，PEKT 在不同读写比例负载下可以取得 3.8 ～ 10.76 倍的吞吐性能提升。另外，与人工调优的 DBA 组相比，PEKT 能够取得 1.36 ～ 3.24 倍的吞吐性能提升，与现有代表性工作 CDBTune 相比，仍然能够实现 4.58% ～ 64.26% 的吞吐性能提升。

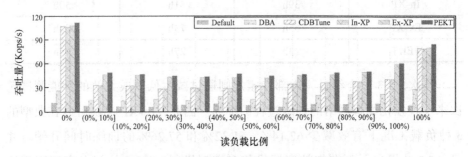

图 5.8 不同读写比例负载下的吞吐性能比较

可以看到，PEKT 在 100% 读和 100% 写的负载情况下的优势相对于混合读写负载下并没有特别突出，这是因为 CDBTune 的优化比较粗粒度地覆盖了纯读或者纯写这样的工作负载，而 XTuning 由于使用了多实例机制 MIM，能够在复杂的混合读写比例负载下达到一个更加优异的调优性能。此外，结构性优化的加入使得 LSM-tree 键值存储系统的性能进一步提升，FCC 机制有效控制了 LSM-tree 的合并粒度，减轻了写放大带来的副作用，对于延迟要求比较高的应用场景而言，提升的效果更加明显。

5.4.4 延迟影响评测

5.3 节介绍了将面向 LSM-tree 键值存储的粒度可控的合并机制 FCC 以抽象配置选项的方式引入 XTuning 中，将其作为结构性优化进一步提升系统的性能优化能力。根据前面提出的相关性模型，可以通过改变奖励机制的权重在吞吐和延迟等指标点之间取得一个平衡点，用以满足实际的应用需求，即在离线训练阶段，XTuning 可以利用抽象的配置选项 R_m 以实现适合不同负载下吞吐和延迟的性能指标。

在本次延迟影响的测评中，本节选择了比较平衡的性能策略，即吞吐和延迟方面都比较均衡的情况。测试结果如图 5.9 所示，由图可见，PEKT 组相比 Default 组能够有效减少 P99 尾延迟达 53.88% ～ 94.39%。与人工 DBA 组相比，PEKT 能够有效减少 P99 尾延迟达 46.4% ～ 91.87%。即使与目前的代表性工作 CDBTune 相比，仍然能够有效减少 P99 尾延迟达 23.47% ～ 63.45%。

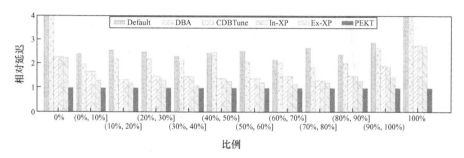

图 5.9　不同读写比例负载下 P99 尾延迟影响比较

结构性优化 FCC 对 LSM-tree 键值存储系统中合并机制的改进有效地减少了系统中的尾延迟效应，符合存储系统对于服务质量日益增长的趋势，提升了键值存储系统的用户体验。

5.4.5　键值存储系统内部 I/O 评测分析

前面进行了吞吐和延迟性能方面的评测。XTuning 自动调优系统能够取得良好的性能提升，主要是因为对其外部调优机制的优化能够在巨大的解空间中找到相对最优的配置选项，还因为将结构性优化引入自动调优系统中，由于 LSM-tree 键值存储系统本身已经面向写入进行了优化，但带来了写放大的问题，而写放大又会引入对系统 I/O 资源的竞争，从而导致系统抖动服务得不到及时响应，在吞吐和延迟等方面产生长尾效应[103]。

对 LSM-tree 键值存储系统内部的 I/O 性能进行分析的测试结果如图 5.10 所示。首先，从图 5.10（a）可以看出，在 RO 负载下，相比默认配置 Default 和 CDBTune，PEKT 能够有效减少 LSM-tree 键值存储内部合并机制 I/O 量，分别达到 52.9% 和 19.02%，其次，如图 5.10（d）所示，在 RWB 负载下，相比 Default 和 CDBTune，PEKT 仍可以有效减少内部 I/O 数据量，分别达 75.04% 和 24.74%，并且，由于 LSM-tree 结构性优化 FCC 可以显著提升键值存储的写入性能，降低写放大带来的影响，因此，从图 5.10（g）可以看到，相比 Default 和 CDBTune，PEKT 在 FCC 的帮助下可以有效减少合并机制产生的 I/O 量，分别达 80.21% 和 54.01%。

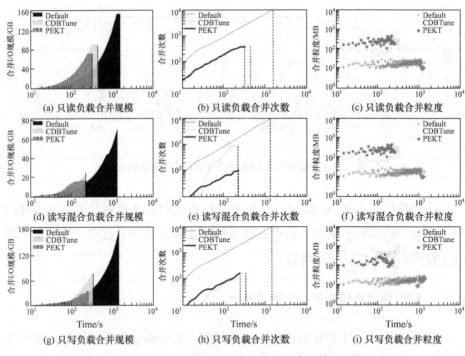

图 5.10　LSM-tree 键值存储内部合并机制产生的 I/O 数据分析

在前面延迟测试部分可以看到，PEKT 受尾延迟的影响最小，保证了用户体验的相对平滑流畅。在图 5.10（c）、5.10（f）和 5.10（i）的测试结果中，描述了 Default、CDBTune 和 PEKT 这 3 组分别在 RO、RWB 和 WO 负载下的合并过程中平均的 I/O 粒度。Default 组由于采用默认的参数设置，虽然合并粒度是三者最小的，但并不适应于当前测试所采用的负载，所以在吞吐和延迟方面并没有任何优势。尽管 CDBTune 能够在 RO 和 WO 负载下取得不错的吞吐性能，但在图 5.10（c）和 5.10（i）中可以看到，CDBTune 没有办法从外部配置选项来控制 LSM-tree 键值内部合并机制的 I/O 粒度，因而影响 CDBTune 在延迟测试中的表现，而与之对应的是，在图 5.10（f）中，PEKT 可以凭借 FCC 将合并粒度调整为一个更加适合当前 RWB 负载的粒度。由第 2 章对相关研究的介绍可以知道，有一些工作就是利用推迟合并机制的触发时机，积累更多的待合并数据来减少写放大，从而提高吞吐性能的。

总体而言，LSM-tree 键值存储系统内部的合并操作粒度的分布愈加稀疏分散，内部 I/O 和用户 I/O 的竞争也会进一步加剧，这意味着由此产生性能抖动的概率更大，进一步加剧尾延迟效应的影响。随着键值存储系统逐步向云服务过渡和发展，服务质量 QoS 也成为用户更为关心的方面，因此，面向服务质量的 LSM-tree 键值存储系统优化也会成为未来研究的热点。

5.5　本章小结

现有的基于配置选项的自动调优方法通常忽略配置选项之间及工作负载之间的相关性。目前，比较有代表性的基于强化学习的自动调优系统也利用不断试错的方式来训练对应的评价模型。相应地，这个过程由于需要在大量的参数组合空间中不断尝试，因此也会消耗大量时间和软硬件资源。但对于使用者或 DBA 来说，仅需要一些简单的相关性规则就可以大大缩短这个训练时间，而且随着专家知识的不断积累，训练成本可以进一步降低。因此，本章提出了基于相关性的 LSM-tree 键值存储自动调优系统 XTuning，通过内部专家规则模块加速离线训练时间，同时设计外部专家规则模块为复杂负载提供细粒度调优的多实例机制，并且引入结构性优化到自动调优过程。

经过实验验证，本章提出的 XTuning 自动调优系统能够有效降低离线训练时间，使 LSM-tree 键值存储系统的吞吐和延迟性得到进一步的提升。结构性优化的引入使得 XTuning 能够有更强的调优能力，并内外结合，有效解决了 LSM-tree 键值存储系统存在的写放大、性能抖动的问题。

第6章 基于 LSM-tree 键值存储的
知识图谱系统优化

分布式系统的高扩展性和高可用性使得在其上构建大规模知识图谱已经成为产业发展的趋势。新兴的分布式图数据库更推崇采用 NoSQL 等数据模型（如键值存储）作为其存储引擎，以进一步提高其可扩展性和可用性。在这种情况下，上层的图查询语言的语句会被翻译成一组混合的键值操作。为了加速查询翻译生成的键值操作，本章提出了基于非易失性内存查询性能加速（Knowledge Graph Booster，KGB）的知识图谱系统。KGB 主要包含 3 部分：①面向邻域查询加速的 NVM 辅助索引，用于降低键值存储的读取成本；②快速响应的改进 Raft 算法，用于实现高效的键值存取操作；③面向键值存储引擎的调优机制，为知识图谱存储系统获得额外的性能提升。实验表明，KGB 能有效降低知识图谱系统的平均延迟和尾延迟的影响，实现更高的性能提升。

6.1 引言

随着知识图谱和图计算的兴起和发展，大规模图数据的处理和分析逐渐成为业界的热点问题。知识图谱的网络结构能够有效地表达不同类型事物之间的复杂关系，在真实生活的不同领域中有着广泛的应用。虽然图计算和知识图谱应用在各个领域已经显示出它的优势和巨大的发展前景，但它也给为相关数据提供底层支持和存储的平台带来巨大的挑战。

6.2 问题描述

6.2.1 邻域查询性能

在基于键值存储的分布式图存储系统中，面向应用的上层图查询语言（Graph Query Language，GQL）的语句会被翻译成一组混合的键值操作。因此，提升键值操作的执行性能成为提升分布式知识图谱系统性能的关键。

图数据库在处理图数据时，有一类查询操作往往从一个顶点开始，不断地计算周围的顶点和边。传统的邻域查询过程如图 6.1 所示。首先，查询引擎从控制台获取查询并解析它；然后，如果查询到的是邻域 ID 的类型，则将相应地调用邻域执行器，该执行器将使用 Thrift RPC 向存储层中的处理器发送请求；最后，存储引擎中的处理器建立并执行计划，数据库存储引擎在执行器中执行键值操作。

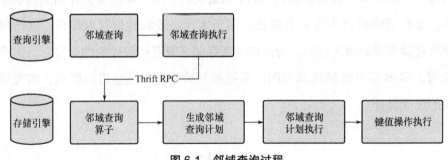

图 6.1 邻域查询过程

在 Nebula Graph 中，查询一个节点的邻域需要遍历所有的边。如果内存中存在邻接表等数据结构，则可以直接获取邻接表中存储的所有邻域的 ID。然而，在数据库中，没有任何方法来存储邻域结构，当查询一个节点的邻域时，所有的边都会被搜索到，这将花费大量的时间进行搜索，影响查询效率。

6.2.2 基于 NVM 的图谱加速优化

为了加速查询翻译生成的键值操作，本章提出了基于 NVM 查询性能加速（Knowledge Graph Booster，KGB）结构的知识图谱系统，主要包含以下方面。

（1）邻域查询辅助索引

在 NVM 中实现邻域索引和存储，以加快查询性能；在索引中查询结果，而不是重复遍历图，以减少存储接口和共识层之间的交互。

（2）面向知识图谱系统的快速 Raft 响应算法

用于提升键值操作的执行响应效率。当 Raft 将数据复制到超过一半的节点数时，就可以立即处理数据应用和响应客户端操作，有效提高写入操作的效率。

（3）面向知识图谱系统的键值存储引擎优化

通过优化调整 RocksDB 的参数和结构，并根据知识图谱应用场景进行优化，以获得额外的性能提升。

6.2.3　相关研究

（1）RDF 图与属性图

资源描述框架（Resource Description Framework，RDF）是 W3C（World Wide Web Con-sortium）推荐的流行知识表示形式之一，使用了一系列主谓宾（Subject Predicate Object，SPO）三元组来描述关系。三元组由主语、谓语和宾语组成，用于描述资源及其关系，支持高度灵活的语义建模和数据集成。其标准由 W3C 定义，包括 RDF Schema 和 OWL，以确保数据的互操作性和一致性。RDF 图常用于语义网、知识图谱和数据融合等领域，利用 SPARQL 查询语言实现复杂的模式匹配和推理操作，适合处理复杂的关系网络和多层次的语义信息。

属性图（Property Graph，PG）是 NoSQL 系统中比较流行的一种，可以很容易地实现分布式系统中的键值模型。在属性图中，数据被组织为节点、关系和属性。节点是可以具有零个或多个属性的实体，这些属性表示为键值对。关系以定向方式连接两个节点，它们还包含了零个或多个属性。

RDF 图基于三元组结构，专注于语义和数据的描述，适用于需要语义理解和推理的应用，例如，知识图谱使用 SPARQL 进行查询。属性图则由顶点和边构成，顶点和边可以有属性，适用于社交网络分析和路径查找等应用，常用查询语言包括 Cypher 和 Gremlin。RDF 图强调语义丰富性和灵活性，而属性图则强调实体及其关系的直观表示和高效处理。

（2）大规模图存储

Neo4j[104] 是传统且应用广泛的图数据库，但是在当前分布式应用趋势下，处理大规模图数据却难以发挥优势[105-106]。Trident[107] 提出了一种自适应存储体系结构，该体系结构具有独立的二进制表布局，用于集中式系统中以不同节点和边缘为中心的访问模式，可以用成本较低的硬件处理多达 1 000 亿条边的知识图谱。列式图存储从列式数据库系统受到启发，使其在读取繁重的分析工作负载和数据压缩方面表现良好。OntoSP[108] 提出了一种在分布式环境中基于本体层次的 RDF 图的语义感知划分方法，它可以利用 RDF 图中本体的层次结构作为启发式信息来提高划分性能。

（3）分布式键值存储

传统的关系数据库通常有一些兼容性负担，没有开源版本，这大大阻碍了改进架构以提高性能的动机。随着键值存储越来越受到关注，传统的关系数据库系统正试图将其用作存储引擎，如 MyRocks 中的 RocksDB。键值存储作为底层存储引擎广泛应用于分布式数据库系统中，如 TiDB、CockroachDB、FoundationDB[111] 及 TDSQL。内存图形数据库 A1[112] 利用本地 DRAM 和 RDMA 的组合来构建具有键值数据模型的分布式图数据库。

在分布式图数据库中，键值存储以其良好的可扩展性成为常用的存储引擎。Nebula Graph、Huge Graph 和 ArangoDB 为用户提供了键值存储 RocksDB 作为它们的底层存储选项。Dgraph[113] 还采用了键值存储 Badger[114] 作为其存储引擎。根据脸书（Facebook）对其自身应用的统计，读写操作比例已经达到 2∶1，即写入比例为 33.3%。因此，数据库设计人员更愿意选择 LSM-tree 键值存储，因为它在存储空间和写放大方面更具优势。在分布式共识方面，vRaft[117] 对分布式共识协议 Raft 进行了修改，增加了快速返回和跟随者读取机制，可以解决虚拟云环境中邻域导致的领导者节点性能退化问题。KVRaft[118] 进一步提出了分布式共识协议的可访问 Raft 日志机制，具有提交返回和立即读取功能，可以加速读写过程，而不破坏分布式键值存储下的线性化约束[119]。

（4）自适应调优

系统的自适应调优需要更多关于数据库内部体系结构的知识。因此，相关研究工作主要集中在类似键值存储等开源项目。SILK 针对 LSM-tree 结构的抖动延迟设计了一个 I/O 调度器，根据内部操作的优先级，动态分配 I/O 资源，以使其服务稳定平顺。CruiseDB 专注于吞吐量或尾部延迟等服务水平协议（SLA），并重新构建了 LSM-tree 的架构，以拥有独立的 I/O 调度控制权。LDC 和 ALDC 关注 LSM-tree 的合并操作，提出具有可控粒度的底层驱动合并方法，以针对用户指定的需求更好地尾部延迟来调整性能。Hamming Tree[120] 针对 NVM 耐久性问题，尽可能减小 bit flipping 影响以降低能耗和磨损。

自适应数据库是近年来数据库领域的一个新的研究热点。AC-Key[121] 将高速缓存模块细分为键值缓存、键指针缓存和块缓存。根据不同的工作负载，AC-Key 采用自适应替换缓存（Adaptive Replacement Cache，ARC）算法调整 3 个缓存的大小，以提高缓存效率。Lethe[22] 更关注 LSM-tree 键值存储系统的异步删除，同时引入快速删除（FADE）方法来保证删除持久性延迟而不损害性能和资源。CuttleTree[47] 基于工作负载模式运行时的统计数据设计了一种自适应 LSM-tree 来控制 LSM-tree 的形状，以进行性能自动调优。ADOC[123] 针对 LSMKV 抖动问题提出了自动流量控制机制动态调整 KV 结构，更加关注服务质量提升。WISK[124] 则借助以往空间数据查询记录，利用强化学习建立负载感知的学习型索引，用以加速查询过程。Grep[125] 借助图神经网络模型对点边数据编码，提出了学习型的图数据库数据分片系统，有效提升了系统吞吐能力。

6.3 基于 LSM-tree 键值存储系统的
知识图谱查询加速系统

和多数图数据库类似，本节提出的优化系统分别处于计算层、分布式层和存储层，如图 6.2 所示。在存储层中，存储接口处理来自计算层的查询计划。通过在 NVM 中建立索引，可以加快对邻域的查询速度，从而提高部分读性能。在分布式层，实现了 Raft 快速响应提交返回的算法，提高了分布式系统的写性能。此外，优化调整底层 RocksDB 存储引擎中的结构与选项，也可以进一步提高读写性能。

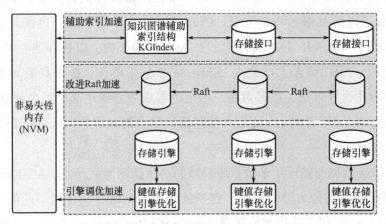

图 6.2　知识图谱系统加速（KGB）结构

6.3.1　提升邻域查询性能

在图数据库中处理图数据时，有一类查询操作往往从一个顶点开始，不断地计算周围的顶点和边。为了支持超大规模图形数据的存储及其相关的数据处理，本节基于 NVM 设计并实现了一个邻域查询加速器。存储了每个顶点的邻域 ID 就像索引一样，利用该加速器，当第一次查询节点的邻域时，将单跳查询结果存储到持久存储器的索引中。对于后面的查询，它将首先在索引中查询，并且，使用节点的 ID 作为键在索引中找到单跳查询结果的过程更快。如果 ID 不在索引中，则使用原始流程查询没有索引的邻域，然后将单跳查询结果存储到索引中，用于后续查询。

本节提出的邻域查询加速器将每个顶点的邻域都存储在 NVM 中。在键值存储格式中，键包含了顶点 ID，还包含了索引标签以区分索引键值，其中包含顶点和边的键值。此外，还将访问时间存储在键中，以便记录和比较索引查询的频率。这样，当索引空间不足，需要删除索引时，该机制可以根据索引的访问热度来删除索引。对于值部分，它包含了类似向量的单跳查询结果。为了扩展这一思想，2 跳或 3 跳查询结果也可以存储为优化计划。

邻域查询加速器的运行过程如图 6.3 所示。首先，在键范围内遍历所有边的键时，判断源 ID，如果源 ID 等于查询 ID，则目标 ID 顶点为邻域。然后，遍历键范围内的所有键，得到完整的答案。还应当注意，在无向图中，边的键值被存储了两次：源到目的地和目的地到源。因此，在有向图和无向图中，该方法都可以通过判断源 ID 来获得邻域 ID。

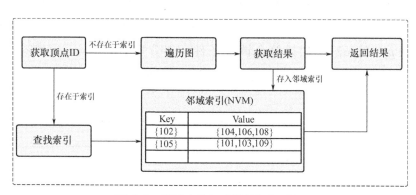

图 6.3　邻域查询加速器的运行过程

6.3.2　面向知识图谱应用的键值存储引擎优化

RocksDB 是源自 LevelDB 的基于 LSM-tree 面向 SSD 的键值存储系统。大多数现代分布式数据库都采用 RocksDB 作为底层存储引擎，因为其具有较低的写放大和较大的吞吐量性能。RocksDB 为用户提供了一系列性能调优选项，以满足其指定的应用场景和系统资源。

（1）读性能调优

通常基于 LSM-tree 的键值存储系统利用布隆过滤器来检查目标键值是否存在，以减少不必要的查询成本，还可以通过在内存中缓存热数据块来加速读取性能。因此，用户可以设置更大的缓存块来缓存更多的热数据块，以降低在磁盘中查询的频率。

（2）写性能调优

在基于 LSM-tree 的键值存储系统中，写入数据首先被插入可以随机访问的内存表（MemTable）中，然后，当内存表大小达到阈值时，就会被序列化为有序表（SSTable）文件，以进行持久化存储。因此，可以通过增大写缓冲容量选项，在短时间内获得更大的吞吐量。同时，扇出系数和单层容量限制基本可以确定 LSM-tree 的形态结构，这同样会影响系统的读性能和写性能。基于具体的应用场景，性能选项的调整可以有效提升系统性能，也将更为精确地满足用户的需求。

面向知识图谱的键值存储引擎优化见算法 6.1，算法输入为当前知识图谱的点或者边数据 w_i，然后根据当前负载的规模特点，计算当前负载的特征 p_i（Line2），如果符合调整条件，则分别对 LSM-tree 的形态参数（Line4）、合并机制策略（Line5）进行调整，使系统达到适应当前负载的优化状态。

算法 6.1　面向知识图谱的键值存储引擎优化

输入：当前知识图谱的点或者边数据 w_i

1：　**function** tuningKVKG(w_i):

2：　　$p_i \leftarrow$ caculate(w_i);

3：　　**if** needTuning(p_i)==True **then**

4：　　　　updateLSMShape(p_i);

5：　　　　updateCmpPolicy(p_i);

6：　　**end if**

7：　**end function**

6.3.3　面向分布式知识图谱的 Raft 优化

Raft 是一个分布式共识算法。它与 Paxos 算法具有相同的功能，即多个节点对某件事达成共识，即使在部分节点失效、网络延迟、网络分段的情况下也能实现。与 Paxos 相比，Raft 算法更简单、更容易理解。自 2014 年提出以来，Raft 已被许多实际的分布式系统广泛采用，如 Etcd、NebulaGraph、TiDB 和 CockroachDB。

为了简化，Raft 将算法分为两部分：Leader 选举和日志复制。Raft 算法将在节点中选择一个节点作为 Leader 节点，并选择其他节点作为 Follower节点。Leader 节点与客户端交互并接受客户端的数据请求，然后将数据同步到 Follower 节点。当 Leader 节点发现有超过一半的节点保存数据时，它会认为数据已经提交，并将其应用于自己的状态机，然后响应客户端请求，如图 6.4 所示。

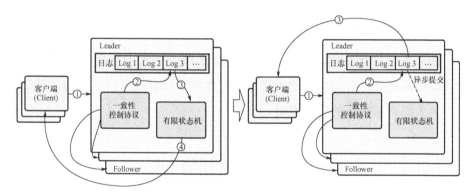

图 6.4　Raft 的写入过程

在上述数据写入过程中，数据的应用最容易成为系统的瓶颈，由于应用操作涉及将状态机日志写入磁盘、对数据进行排序，并可能将排序后的数据写入磁盘，所以应用操作相对较慢。因此，当客户端发起大量并发请求时，系统中会有大量的请求数据已经提交但没有被应用。因此，请求被挂起并且无法返回，这极大地减慢了系统的响应性。因此，如果能够将 Raft 写处理的应用阶段和请求返回阶段并行，则将大大节省所消耗的时间。

为此，系统对 Raft 的数据写入过程进行了优化，见算法 6.2。当 Raft 复制数据到超过一半的节点时（Line3），将并行处理数据应用和响应客户端。在数据提交后，立即响应客户端（Line5），并发和异步地执行数据的应用操作（Line4）。这是安全的，因为数据已经存储在超过一半的节点上，并且键值存储本身的日志机制为数据存储提供了足够的保护。图 6.4（b）展示了优化的 Raft 写入过程。

算法 6.2　优化 Raft 写入机制

输入：待写入的数据分片 d_i

1：　　**function** fastRafiWrite(d_i):
2：　　　　$r \leftarrow$ dispatchReplicas(d_i);
3：　　　**if** $r_{commited} > 1/2$ **then**
4：　　　　　asyncApply(d_i);
5：　　　　　**return** r;
6：　　　**end if**
7：**end function**

这节省了应用数据的时间，而且提高了单个请求的数据写入效率。同时，以前需要等待数据应用的大量请求，现在可以直接返回客户端，无须等待，大大提高了系统的响应速度。

6.4　实验评估

本系统的实现基于 Nebula Graph v2.0.1 图数据库，并以面向 NVM 的键值存储系统 Viper 作为邻域查询索引存储。本测试环节选取了从 1 跳至 4 跳的邻域查询语句执行，并收集了系统吞吐性能、平均延迟和尾延迟等性能数据进行统计分析。

6.4.1　实验环境设置

本测试实验的硬件平台基于英特尔 Xeon Gold 6242R 处理器，CPU 主频为 2.80GHz，具有 44MB 三级缓存的 64 核服务器。该服务器总共拥有

384GB 内存，占用了每个内存插槽的所有 6 个通道以获得最大带宽。服务器运行于 Arch Linux，内核为 5.4.0-128-generic。所有代码都是使用 GCC 9.4.0 编译的，并采用编译优化选项。除非另有说明，所有实验都在 glibc 2.31 下运行，并且使用 PMDK 库进行 PM/DRAM 分配和管理。

实验测试数据来自 LDBC 社交网络数据集。LDBC 数据集中的数据表示社交网络活动随时间的快照，数据包括个人、组织和地点的实体。该模型还模拟了人们如何通过与他人进行互动建立友谊，以及分享文本和图像等信息。测试使用 nGQL（Nebula Graph 中用于图数据库的查询语言）中的 GOSTEP 查询语句，该查询通过过滤条件遍历图，并返回节点邻域的结果。测试在 LDBC 数据集的 1 528 个顶点和 14 703 条边上运行，每个查询的虚拟用户数量均为 5，持续时间为 3s。

6.4.2　吞吐性能测试

本小节对采用 KGB 加速结构的知识图谱系统进行吞吐性能测试，并与默认配置版本系统进行吞吐性能比较。由于 KGB 会存储以往的邻域查询结果，因此，利用由此构造的辅助索引可以明显加速同类型查询。性能在第 2 次重复查询时提升最大，在接下来的第 3 ～ 7 次查询中提升幅度变小并趋于平稳。

系统在 2 跳、3 跳和 4 跳的多跳查询下的吞吐性能测试结果如图 6.5 所示。可以看到，整体上基于 KGB 加速结构的系统性能得到了更好的提升，因为在 1 跳无索引的情况下，不存在用于查询加速的索引结构。可以看到，在 2 跳、3 跳和 4 跳查询下，由于 Raft 和键值存储的优化，使得第 1 次执行查询时仍然能够分别取得 31.6%、2.0 倍和 3.5 倍的吞吐性能提升。

图 6.5（a）展示了 2 跳查询下多次查询在 KGB 加速下能够实现 52.2% 的吞吐性能提升；由图 6.5（b）可以看到，在 3 跳查询下，KGB 的加速更为明显，达到 2.0 倍的提升；在图 6.5（c）的 4 跳查询下，KGB 的加速达到了 8.6 倍的吞吐性能提升。因此，KGB 的邻域查询辅助索引结构可以有效提升知识图谱系统中多跳查询的 QPS，提升系统吞吐能力。

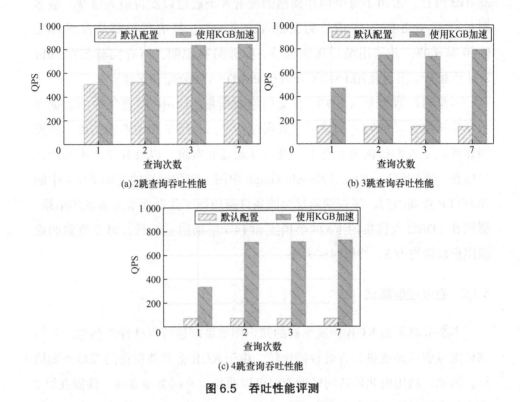

(a) 2跳查询吞吐性能

(b) 3跳查询吞吐性能

(c) 4跳查询吞吐性能

图 6.5　吞吐性能评测

6.4.3　平均延迟性能测试

　　本小节对采用 KGB 加速结构的知识图谱系统的平均延迟性能进行了测试，测试结果如图 6.6 所示，在基于 KGB 加速的知识图谱系统中，平均延迟得到了显著的改善。在图 6.6（a）的 2 跳查询测试结果中，平均延迟降低了约 17%，而在图 6.6（b）的 3 跳和图 6.6（c）的 4 跳查询测试结果中，可以看到平均延迟降低得更为明显，分别为 78% 和 89%。

　　并且，从图 6.6（a）～（c）中可以看到，当查询跳数从 2 跳增加到 4 跳时，默认配置系统的响应时间延迟会增加到初始的 7 倍，即从 6 000μs 增加到 43 000μs，这也可以印证多跳邻域查询是影响知识图谱系统性能的关键点之一。但对比基于 KGB 加速的知识图谱系统，即使在多跳查询如 3 跳和 4 跳查询的情况下，延迟也可以有效降低，延迟水平基本上与 2 跳保持相近。其中基于 NVM 的邻域查询辅助索引结构发挥了重要的作用。

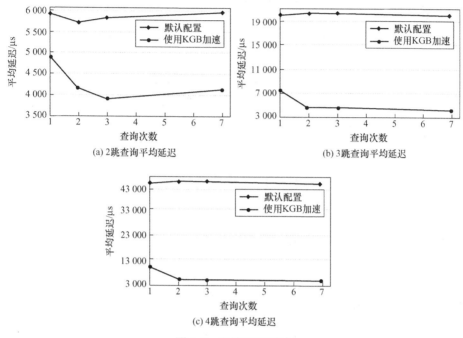

图 6.6　平均延迟测试

6.4.4　尾延迟性能测试

本小节测试采用 KGB 加速结构的知识图谱系统的尾延迟表现，测试结果如图 6.7 所示。可以看到，采用 KGB 加速结构的系统在多跳查询的测试中显著降低了尾延迟影响。

在图 6.7（a）的 2 跳查询测试结果中，基于 KGB 加速的系统尾延迟相比默认配置系统的尾延迟减少了 40.8%，在图 6.7（b）的 3 跳和图 6.7（c）的 4 跳测试结果中可以看到，相比默认配置系统分别减少了 75% 和 81% 的尾延迟影响。因此，KGB 加速系统也可以有效降低查询高连通性节点的尾延迟影响，降低系统访问造成的抖动，有效提升用户体验。

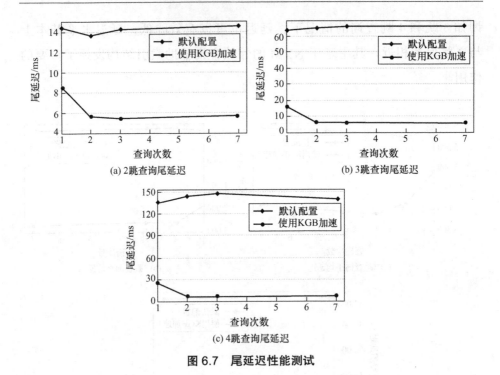

图 6.7　尾延迟性能测试

6.4.5　可扩展性测试

本小节对基于 KGB 加速结构的知识图谱系统的可扩展性能力进行测试，整体测试数据规模增大 10 倍，测试选取了 LDBC 中的交互查询负载（Interactive Short Query）中的 IS3 和 IS6 作为测试查询。

测试查询 IS3 的作用是给予某人 ID，通过查询得到其所有的朋友及成为朋友的日期。测试结果如图 6.8 所示。可以看到，采用 KGB 加速结构的系统在数据规模增大的情况下，仍然可以保持最多 29.41% 的性能提升，在 IS3 的测试中保持了良好的可扩展性。

测试查询 IS6 的作用是给出一个信息留言的 ID，检索包含该消息的论坛和主持该论坛的人。由于评论不直接包含在论坛中，对于评论，返回包含该评论原始帖子的论坛。这实际上是一个可能无限多跳的查询。由于性能限制，最大跳数限制为 5。测试结果如图 6.9 所示。由于 IS6 查询跳数可变，在执行次数为 2 时，KGB 性能提升达 104.65%；而在 3 次及以上时，最多可以实现 2.48 倍的性能提升。这也验证了 KGB 可以有效提升多跳查询的性能。

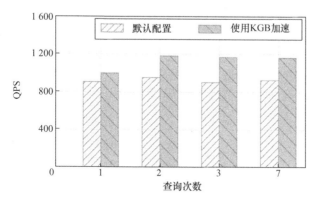

图 6.8　LDBC 中 IS3 查询吞吐测试

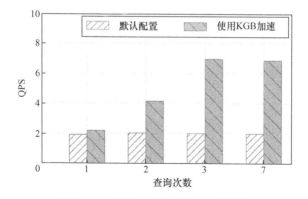

图 6.9　LDBC 中 IS6 查询吞吐测试

6.5　本章小结

随着新型存储硬件技术的不断发展，具备高性能的非易失性内存已经产品化，并且在存储系统领域产生了面向非易失性内存系统优化的研究浪潮。

本章基于 NVM 构建了一个知识图谱加速系统 KGB。该加速系统包含了基于 NVM 的邻域查询索引、快速响应的 Raft 优化算法和面向键值存储引擎的调优机制。对 KGB 加速系统的测试结果表明，该加速系统中的辅助索引能够明显提高邻域查询的性能，并且这种提升随着查询跳数的增加而进一步增强，有效提升了知识图谱系统的吞吐性能，有效改善了系统的延迟影响。

第7章　总结与展望

本章主要总结基于 LSM-tree 结构的键值存储系统的相关优化工作，回顾本书的主要研究内容和成果贡献，并对未来的研究计划做展望规划。

7.1　主要研究内容与成果贡献

本书的主要研究内容是基于 LSM-tree 结构的键值存储系统的优化工作。为了使键值存储系统能够适应复杂多变的用户应用负载和新型存储硬件 SSD，实现高吞吐、低延迟和面向服务质量的自适应调优的键值存储系统，本书的研究主要围绕基于 LSM-tree 结构的键值存储系统优化展开，整体按照"由点到面、内外结合"的研究思路，从面向新硬件的底层合并机制 LDC 入手，逐步过渡到具有自适应 LSM-tree 结构的键值存储系统 ALDC-DB，随后，从键值存储系统的内部出发，针对人工调优数据库性能的局限，借助强化学习模型强大的探索感知能力实现自动调优，引入相关性模型和结构性优化加速调优过程，进一步提升键值存储系统的性能。具体内容如下。

1. 面向新型存储硬件的 LSM-tree 底层驱动的合并机制

传统的 LSM-tree 合并机制采用上层驱动的方式，由于上下层间的 SSTable 键值重合范围是不可预知和控制的，极端情况下的键值重合范围可能是下层全体数据文件，但仅有部分数据需要更新，这种情况会引起基于扇出系数倍的写放大问题，即大量文件数据被载入内存中进行合并 I/O，而其中仅有部分为有效 I/O，造成资源浪费，同时也会影响 SSD 的寿命。而与之伴随的是系统产生性能抖动，在吞吐和延迟等方面对上层应用产生影响，甚至可能造成短时间内键值存储服务不可用。为了解决这个问题，本书提出了一种面向 LSM-tree 底层驱动的合并机制，该机制的核心是两阶段合并算法，就是将合并机制拆分为两个阶段：链接（Link）阶段和触发合并（Merge）阶段。在链接阶段，对目标合并文件向下层键值覆盖范围进行标记，而这一过程是一个逻辑上的链接过程，每个链接数据片都记录了待合并数据文件的元数据信息，在这一步实现了合并规模的可控。当下层的数据文件所链接的数据片段数量参数达到预先设定的条件时，就进入第二个触发合并阶段。由于触发的对象由上层 SSTable 转移到下层，因此被称为底层驱动。在这一阶段，合并操作才会产生真实的 I/O 数据量，即将合并所涉及的 SSTable 文件数据载入内存中进行数据重新整理和分布。两阶段合并算法的核心是利用推迟触发时机、积累批次处理的思想，控制了合并过程中的 I/O 粒度，有效地减小了 LSM-tree 写放大，减轻了系统抖动问题，进一步提升了系统的写入性能。

2. 面向资源负载自适应 LSM-tree 结构的键值存储系统 ALDC-DB

键值存储系统为了具备一定的通用性，通常在设计时选择适用场景更广、性能比较折中的设计方案。但是，LSM-tree 结构的特点是对负载特征比较敏感，即负载读写特征与当前 LSM-tree 的形态会直接影响键值存储系统在吞吐和延迟等方面的性能指标。

为了充分发挥键值存储系统的性能，基于扩展 RUM 理论，本书提出了负载资源的自适应 LSM-tree 结构，并进一步实现了自适应键值存储系统 ALDC-DB。ALDC-DB 的核心思想就是在读、写和空间性能的三角形中，根据当前的用户负载和系统资源使用情况进行动态调整，包括通过自适应调整 LSM-tree 的形态并通过自适应合并机制来实现动态负载下的性能优化。通过实验评测，ALDC-DB 能够在不同负载特征下取得相比 LDC 更进一步的性能提升，优化不仅局限在写入性能。同时，ALDC-DB 的自适应合并机制对于合并机制的调整更加精细，有效改善了尾延迟等问题，实现了吞吐性能和服务质量的共同提升。

3. 基于相关性的 LSM-tree 键值存储自动调优系统 XTuning

目前，数据库系统的调优一直是困扰 DBA 的难题，现代键值存储系统都已经提供了数量众多的可配置参数选项，通过人工手动调节达到全面的性能优化基本上是不可能完成的任务。虽然基于强化学习的自动调优系统已成为目前比较流行的研究方向，但是学习过程本身需要花费大量时间和资源进行调优模型建立的离线训练。现有的训练过程通常忽略了键值存储配置选项之间及负载间的相关性规律，导致训练过程中包含大量低质量的性能采样轮次，浪费了大量的时间和资源。

针对这个问题，本书提出了基于相关性的 LSM-tree 键值存储自动调优系统 XTuning。该系统建立了配置选项间的相关性模型，有效降低了强化学习离线训练的时间开销，并建立了负载间相关性模型，进一步提升了调优系统在变化负载下的细粒度优化能力。此外，本书将传统的结构性优化引入 XTuning 中，内部粒度可控的合并机制结合外部自动调优，内外结合，使得 LSM-tree 键值存储系统具备了更强的全局优化能力，提升了吞吐和延迟等方面的性能表现，有效改善了尾延迟效应，提升了系统的服务质量。

4. 基于 LSM-tree 键值存储的知识图谱加速系统 KGB

分布式系统的高扩展性和高可用性使得在其上构建大规模知识图谱成为产业发展的趋势。新兴的分布式图数据库通常采用 NoSQL 等数据模型，如将键值存储作为其存储引擎，以进一步提高可扩展性和实用性。在这种情况下，上层的图查询语言语句会被翻译成一组混合的键值操作。为了加速这些查询翻译生成的键值操作，本书提出了基于非易失性内存（NVM）的查询性能加速系统——知识图谱加速器（Knowledge Graph Booster，KGB），主要包含降低键值存储读取成本的、面向邻域查询加速的 NVM 辅助索引，实现高效键值操作的快速响应 Raft 算法，以及可以进一步提升知识图谱存储系统性能的、针对键值存储引擎的调优机制。实验结果表明，KGB 能够有效降低知识图谱系统的平均延迟和尾延迟，从而实现显著的性能提升。

7.2 未来的研究计划

基于 LSM-tree 的键值存储系统凭借自身优异的性能，逐渐成为数据应用系统存储引擎的主流选择。在未来的云计算、虚拟化时代，不论是在单机应用中还是在分布式应用中，键值存储系统都将会成为学术界和工业界重点发展的方向之一。未来的研究工作主要集中于以下两方面。

（1）面向虚拟云环境下的键值存储系统性能自适应优化

随着虚拟云环境的可用资源动态变化，键值存储系统需要能够感知当前资源的负载情况，根据当前可用资源量综合分析，进行自身性能的自适应调整。

（2）面向上层应用的键值存储引擎优化

键值存储已经成为分布式应用中比较普遍的底层存储引擎，如分布式关系数据库 TiDB[84]、CockroachDB[86] 等，以及图数据库 NebulaGraph[87]、HugeGraph[88] 等。应用层和键值存储层之间存在的不透明的转义层往往成为系统性能优化的瓶颈，从上到下的高速映射成为未来研究工作的重点。

参 考 文 献

[1]   Melvin M，Vopson. 约 150 年后，数据的比特数量将超地球原子总数 [EB/
      OL]. 张乃欣，译. [2021-08-09]. https：//www.chinanews.com.cn/gn/2021/08-
      09/9539349.shtml.

[2]   Chang F，Dean J，Ghemawat S，et al. Bigtable：A distributed storage system
      for structured data[J]. ACM Transactions on Computer Systems（TOCS），2008，
      26（2）：1-26.

[3]   Lakshman A，Malik P. Cassandra：a decentralized structured storage system[J].
      ACM SIGOPS operating systems review，2010，44（2）：35-40.

[4]   Vora M N. Hadoop-HBase for large-scale data[C]//Proceedings of 2011
      International Conference on Computer Science and Network Technology. IEEE，
      2011，1：601-605.

[5]   DeCandia G，Hastorun D，Jampani M，et al. Dynamo：Amazon's highly
      available key-value store[J]. ACM SIGOPS operating systems review，2007，41
      （6）：205-220.

[6]   Atikoglu B，Xu Y，Frachtenberg E，et al. Workload analysis of a large-
      scale key-value store[C]//Proceedings of the 12th ACM SIGMETRICS/
      PERFORMANCE joint international conference on Measurement and Modeling of
      Computer Systems. 2012：53-64.

[7]   Vela B，Cavero J M，Cáceres P，et al. Using a NoSQL Graph Oriented Database
      to Store Accessible Transport Routes[C]//EDBT/ICDT Workshops. 2018：62-66.

[8]   Vieira T，Soares P，Machado M，et al. Evaluating performance of distributed
      systems with mapreduce and network traffic analysis[J]. computing，2012，4：6.

[9]   Liu Q，Wu J. Research on Agricultural Data Processing Based on MySQL[J].
      Agricultural & Forestry Economics and Management，2024，7（2）：18-25.

[10] Ravi Kumar Y V，Samayam A K，Miryala N K. MySQL InnoDB Cluster and
      ClusterSet[M]//Mastering MySQL Administration：High Availability，Security，
      Performance，and Efficiency. Berkeley，CA：Apress，2024：273-395.

[11] Dong S, Callaghan M, Galanis L, et al. Optimizing Space Amplification in RocksDB[C]//CIDR. 2017, 3: 3.

[12] O'Neil P, Cheng E, Gawlick D, et al. The log-structured merge-tree（LSM-tree）[J]. Acta Informatica, 1996, 33: 351-385.

[13] Dong S, Kryczka A, Jin Y, et al. Rocksdb: Evolution of development priorities in a key-value store serving large-scale applications[J]. ACM Transactions on Storage（TOS）, 2021, 17（4）: 1-32.

[14] Matsunobu Y, Dong S, Lee H. Myrocks: Lsm-tree database storage engine serving facebook's social graph[J]. Proceedings of the VLDB Endowment, 2020, 13（12）: 3217-3230.

[15] Lu L, Pillai T S, Gopalakrishnan H, et al. Wisckey: Separating keys from values in ssd-conscious storage[J]. ACM Transactions On Storage（TOS）, 2017, 13（1）: 1-28.

[16] Balmau O, Dinu F, Zwaenepoel W, et al. SILK: Preventing latency spikes in Log-Structured merge Key-Value stores[C]//2019 USENIX Annual Technical Conference（USENIX ATC 19）. 2019: 753-766.

[17] Athanassoulis M, Kester M S, Maas L M, et al. Designing Access Methods: The RUM Conjecture[C]//EDBT. 2016, 2016: 461-466.

[18] Momjian B. PostgreSQL: introduction and concepts[J]. 2001.

[19] Shi Y, Shen Z, Shao Z. SQLiteKV: An efficient LSM-tree-based SQLite-like database engine for mobile devices[C]//2018 23rd Asia and South Pacific Design Automation Conference（ASP-DAC）. IEEE, 2018: 28-33.

[20] Luo C, Carey M J. LSM-based storage techniques: a survey[J]. The VLDB Journal, 2020, 29（1）: 393-418.

[21] Wang L, Ding G, Zhao Y, et al. Optimization of LevelDB by separating key and value[C]//2017 18th International Conference on Parallel and Distributed Computing, Applications and Technologies（PDCAT）. IEEE, 2017: 421-428.

[22] Yang P, Xue N, Zhang Y, et al. Reducing garbage collection overhead in SSD based on workload prediction[C]//11th USENIX Workshop on Hot Topics in Storage and File Systems（HotStorage 19）. 2019.

[23] Hu Y, Du Y. Reducing tail latency of LSM-tree based key-value store via limited compaction[C]//Proceedings of the 36th Annual ACM Symposium on Applied

Computing. 2021：178-181.

[24] Grupp L M, Davis J D, Swanson S. The bleak future of NAND flash memory[C]//FAST. 2012, 7（3.2）: 10.2.

[25] Huang G, Cheng X, Wang J, et al. X-Engine: An optimized storage engine for large-scale E-commerce transaction processing[C]//Proceedings of the 2019 International Conference on Management of Data. 2019：651-665.

[26] Zhang T, Wang J, Cheng X, et al. FPGA-Accelerated Compactions for LSM-based Key-Value Store[C]//18th USENIX Conference on File and Storage Technologies（FAST 20）. 2020：225-237.

[27] Xu P, Wan J, Huang P, et al. LUDA: boost LSM key value store compactions with gpus[J]. arXiv preprint arXiv: 2004.03054, 2020.

[28] Zhang W, Xu Y. Deduplication Triggered Compaction for LSM-tree Based Key-Value Store[C]//2018 IEEE 9th International Conference on Software Engineering and Service Science（ICSESS）. IEEE, 2018：1-4.

[29] Lai C, Jiang S, Yang L, et al. Atlas: Baidu's key-value storage system for cloud data[C]//2015 31st Symposium on Mass Storage Systems and Technologies（MSST）. IEEE, 2015：1-14.

[30] Li Y, Liu Z, Lee P P C, et al. Differentiated Key-Value storage management for balanced I/O performance[C]//2021 USENIX Annual Technical Conference（USENIX ATC 21）. 2021：673-687.

[31] Yao T, Wan J, Huang P, et al. A light-weight compaction tree to reduce I/O amplification toward efficient key-value stores[C]//Proc. 33rd Int. Conf. Massive Storage Syst. Technol.（MSST）. 2017：1-13.

[32] Yao T, Wan J, Huang P, et al. GearDB: A GC-free key-value store on HM-SMR drives with gear compaction[C]//Proceedings of the ACM Turing Award Celebration Conference-China 2023. 2023：51-52.

[33] Pan F, Yue Y, Xiong J. dCompaction: Delayed compaction for the LSM-tree[J]. International Journal of Parallel Programming, 2017, 45：1310-1325.

[34] Raju P, Kadekodi R, Chidambaram V, et al. Pebblesdb: Building key-value stores using fragmented log-structured merge trees[C]//Proceedings of the 26th Symposium on Operating Systems Principles. 2017：497-514.

[35] Wu X, Xu Y, Shao Z, et al. LSM-trie: An LSM-tree-based Ultra-Large

Key-Value Store for Small Data Items[C]//2015 USENIX Annual Technical Conference（USENIX ATC 15）. 2015：71-82.

[36] Balmau O, Didona D, Guerraoui R, et al. {TRIAD}：Creating synergies between memory, disk and log in log structured {Key-Value} stores[C]//2017 USENIX Annual Technical Conference（USENIX ATC 17）. 2017：363-375.

[37] Shetty P J, Spillane R P, Malpani R R, et al. Building Workload-Independent storage with VT-Trees[C]//11th USENIX Conference on File and Storage Technologies（FAST 13）. 2013：17-30.

[38] Yao T, Zhang Y, Wan J, et al. MatrixKV：Reducing Write Stalls and Write Amplification in LSM-tree Based KV Stores with Matrix Container in NVM[C]//2020 USENIX Annual Technical Conference（USENIX ATC 20）. 2020：17-31.

[39] Kaiyrakhmet O, Lee S, Nam B, et al. SLM-DB：Single-Level Key-Value store with persistent memory[C]//17th USENIX Conference on File and Storage Technologies（FAST 19）. 2019：191-205.

[40] Kannan S, Bhat N, Gavrilovska A, et al. Redesigning LSMs for Nonvolatile Memory with NoveLSM[C]//2018 USENIX Annual Technical Conference （USENIX ATC 18）. 2018：993-1005.

[41] Han S, Jiang D, Xiong J. LightKV：A cross media key value store with persistent memory to cut long tail latency[C]//Proceedings of the 36th International Conference on Massive Storage Systems and Technology （MSST'20）. 2020.

[42] Leis V, Kemper A, Neumann T. The adaptive radix tree：ARTful indexing for main-memory databases[C]//2013 IEEE 29th International Conference on Data Engineering（ICDE）. IEEE, 2013：38-49.

[43] Lee S K, Lim K H, Song H, et al. WORT：Write optimal radix tree for persistent memory storage systems[C]//15th USENIX Conference on File and Storage Technologies（FAST 17）. 2017：257-270.

[44] Ma S, Chen K, Chen S, et al. ROART：range-query optimized persistent ART[C]//19th USENIX Conference on File and Storage Technologies（FAST 21）. 2021：1-16.

[45] Wu X, Xu Y, Shao Z, et al. LSM-trie：An LSM-tree-based Ultra-Large

Key-Value Store for Small Data Items[C]//2015 USENIX Annual Technical Conference（USENIX ATC 15）. 2015：71-82.

[46] Dayan N, Athanassoulis M, Idreos S. Monkey：Optimal navigable key-value store[C]//Proceedings of the 2017 ACM International Conference on Management of Data. 2017：79-94.

[47] Ruta N J. CuttleTree：Adaptive tuning for optimized log-structured merge trees[D]., 2017.

[48] Dayan N, Idreos S. Dostoevsky：Better space-time trade-offs for LSM-tree based key-value stores via adaptive removal of superfluous merging[C]// Proceedings of the 2018 International Conference on Management of Data. 2018：505-520.

[49] Pavlo A, Angulo G, Arulraj J, et al. Self-Driving Database Management Systems[C]//CIDR. 2017, 4：1.

[50] Kunjir M, Babu S. Black or white？ how to develop an autotuner for memory-based analytics[C]//Proceedings of the 2020 ACM SIGMOD International Conference on Management of Data. 2020：1667-1683.

[51] Schwartz B, Zaitsev P, Tkachenko V. High performance MySQL：optimization, backups, and replication[M]. " O'Reilly Media, Inc.", 2012.

[52] Schultz W, Avitabile T, Cabral A. Tunable consistency in mongodb[J]. Proceedings of the VLDB Endowment, 2019, 12（12）：2071-2081.

[53] Li Y, He B, Luo Q, et al. Tree indexing on flash disks[C]//2009 IEEE 25th International Conference on Data Engineering. IEEE, 2009：1303-1306.

[54] Zhang J, Liu Y, Zhou K, et al. An end-to-end automatic cloud database tuning system using deep reinforcement learning[C]//Proceedings of the 2019 international conference on management of data. 2019：415-432.

[55] Zhu Y, Liu J, Guo M, et al. Bestconfig：tapping the performance potential of systems via automatic configuration tuning[C]//Proceedings of the 2017 symposium on cloud computing. 2017：338-350.

[56] Van Aken D, Pavlo A, Gordon G J, et al. Automatic database management system tuning through large-scale machine learning[C]//Proceedings of the 2017 ACM international conference on management of data. 2017：1009-1024.

[57] Li G, Zhou X, Li S, et al. Qtune：A query-aware database tuning system with

deep reinforcement learning[J]. Proceedings of the VLDB Endowment，2019，
12（12）：2118-2130.

[58] Dong Z，Yao Z，Gholami A，et al. Hawq：Hessian aware quantization
of neural networks with mixed-precision[C]//Proceedings of the IEEE/CVF
international conference on computer vision. 2019：293-302.

[59] Huang D，Liu Q，Cui Q，et al. TiDB：a Raft-based HTAP database[J].
Proceedings of the VLDB Endowment，2020，13（12）：3072-3084.

[60] Sadikin R，Arisal A，Omar R，et al. Processing next generation sequencing
data in map-reduce framework using hadoop-BAM in a computer cluster[C]//2017
2nd International conferences on Information Technology，Information Systems
and Electrical Engineering（ICITISEE）. IEEE，2017：421-425.

[61] Matsunobu Y，Dong S，Lee H. Myrocks：Lsm-tree database storage engine
serving facebook's social graph[J]. Proceedings of the VLDB Endowment，
2020，13（12）：3217-3230.

[62] De Melo A C. The new linux'perf'tools[C]//Slides from Linux Kongress. 2010，
18：1-42.

[63] Cooper B F，Silberstein A，Tam E，et al. Benchmarking cloud serving systems
with YCSB[C]//Proceedings of the 1st ACM symposium on Cloud computing.
2010：143-154.

[64] Jin Y，Tseng H W，Papakonstantinou Y，et al. KAML：A flexible，high-
performance key-value SSD[C]//2017 IEEE International Symposium on High
Performance Computer Architecture（HPCA）. IEEE，2017：373-384.

[65] Kuszmaul B C. A comparison of fractal trees to log-structured merge（LSM）
trees[J]. Tokutek White Paper，2014.

[66] Graefe G. Sorting And Indexing With Partitioned B-Trees[C]//CIDR. 2003，3：
5-8.

[67] Boboila S，Desnoyers P. Write Endurance in Flash Drives：Measurements and
Analysis[C]//FAST. 2010：115-128.

[68] Kakaraparthy A，Patel J M，Park K，et al. Optimizing databases by learning
hidden parameters of solid state drives[J]. Proceedings of the VLDB Endowment，
2019，13（4）：519-532.

[69] Chan H H W，Liang C J M，Li Y，et al. HashKV：Enabling Efficient Updates

in KV Storage via Hashing[C]//2018 USENIX Annual Technical Conference (USENIX ATC 18). 2018: 1007-1019.

[70] Andersen D G, Franklin J, Kaminsky M, et al. FAWN : A fast array of wimpy nodes[C]//Proceedings of the ACM SIGOPS 22nd symposium on Operating systems principles. 2009: 1-14.

[71] Debnath B, Sengupta S, Li J. FlashStore : High throughput persistent key-value store[J]. Proceedings of the VLDB Endowment, 2010, 3 (1-2): 1414-1425.

[72] Vinçon T, Hardock S, Riegger C, et al. Noftl-kv : Tackling write-amplification on kv-stores with native storage management[C]//Advances in database technology-EDBT 2018 : 21st International Conference on Extending Database Technology, Vienna, Austria, March 26-29, 2018. proceedings. University of Konstanz, University Library, 2018: 457-460.

[73] Cooper B F, Silberstein A, Tam E, et al. Benchmarking cloud serving systems with YCSB[C]//Proceedings of the 1st ACM symposium on Cloud computing. 2010: 143-154.

[74] Li Y, Tian C, Guo F, et al. ElasticBF : Elastic Bloom Filter with Hotness Awareness for Boosting Read Performance in Large Key-Value Stores[C]//2019 USENIX Annual Technical Conference (USENIX ATC 19). 2019: 739-752.

[75] Wang P, Sun G, Jiang S, et al. An efficient design and implementation of LSM-tree based key-value store on open-channel SSD[C]//Proceedings of the Ninth European Conference on Computer Systems. 2014: 1-14.

[76] Zhang Z, Yue Y, He B, et al. Pipelined compaction for the LSM-tree[C]//2014 IEEE 28th International Parallel and Distributed Processing Symposium. IEEE, 2014: 777-786.

[77] Li J, Jin P, Wan S. Adaptive lazy compaction with high stability and low latency for data-intensive systems[C]//2020 IEEE International Conference on Big Data (Big Data). IEEE, 2020: 5753-5755.

[78] Salkhordeh R, Mutlu O, Asadi H. An analytical model for performance and lifetime estimation of hybrid DRAM-NVM main memories[J]. IEEE Transactions on Computers, 2019, 68 (8): 1114-1130.

[79] Yang F, Dou K, Chen S, et al. Optimizing NoSQL DB on flash : a case

study of RocksDB[C]//2015 IEEE 12th Intl Conf on Ubiquitous Intelligence and Computing and 2015 IEEE 12th Intl Conf on Autonomic and Trusted Computing and 2015 IEEE 15th Intl Conf on Scalable Computing and Communications and Its Associated Workshops（UIC-ATC-ScalCom）. IEEE，2015：1062-1069.

[80]　Suh Y H，Kim Y. Samsung Smart Antenna Technology（SSAT）using the closed-loop auto frequency tuning algorithm for portable handset[C]//2018 IEEE International Symposium on Antennas and Propagation & USNC/URSI National Radio Science Meeting. IEEE，2018：1783-1784.

[81]　Wang Y，Jin P，Wan S. Hotkey-lsm：A hotness-aware lsm-tree for big data storage[C]//2020 IEEE International Conference on Big Data（Big Data）. IEEE，2020：5849-5851.

[82]　Dageville B，Cruanes T，Zukowski M，et al. The snowflake elastic data warehouse[C]//Proceedings of the 2016 International Conference on Management of Data. 2016：215-226.

[83]　Zhou J，Xu M，Shraer A，et al. Foundationdb：A distributed unbundled transactional key value store[C]//Proceedings of the 2021 International Conference on Management of Data. 2021：2653-2666.

[84]　Huang D，Liu Q，Cui Q，et al. TiDB：a Raft-based HTAP database[J]. Proceedings of the VLDB Endowment，2020，13（12）：3072-3084.

[85]　Taft R，Sharif I，Matei A，et al. Cockroachdb：The resilient geo-distributed sql database[C]//Proceedings of the 2020 ACM SIGMOD international conference on management of data. 2020：1493-1509.

[86]　Taft R，Sharif I，Matei A，et al. Cockroachdb：The resilient geo-distributed sql database[C]//Proceedings of the 2020 ACM SIGMOD international conference on management of data. 2020：1493-1509.

[87]　Monteiro J，Sá F，Bernardino J. Experimental evaluation of graph databases：Janusgraph, nebula graph, neo4j, and tigergraph[J]. Applied Sciences，2023，13（9）：5770.

[88]　Haihong E，Han P，Song M. Transforming rdf to property graph in hugegraph[C]//Proceedings of the 6th International Conference on Engineering & MIS 2020. 2020：1-6.

[89]　Fernandes D，Bernardino J. Graph Databases Comparison：AllegroGraph,

ArangoDB, InfiniteGraph, Neo4J, and OrientDB[J]. Data, 2018, 10：0006910203730380.

[90] Cao Z, Dong S, Vemuri S, et al. Characterizing, modeling, and benchmarking RocksDB Key-Value workloads at facebook[C]//18th USENIX Conference on File and Storage Technologies（FAST 20）. 2020：209-223.

[91] Chai Y, Chai Y, Wang X, et al. LDC：a lower-level driven compaction method to optimize SSD-oriented key-value stores[C]//2019 IEEE 35th International Conference on Data Engineering（ICDE）. IEEE, 2019：722-733.

[92] Chai Y, Chai Y, Wang X, et al. Adaptive lower-level driven compaction to optimize LSM-tree key-value stores[J]. IEEE Transactions on Knowledge and Data Engineering, 2020, 34（6）：2595-2609.

[93] Chai Y, Ge J, Chai Y, et al. XTuning：Expert database tuning system based on reinforcement learning[C]//International Conference on Web Information Systems Engineering. Cham：Springer International Publishing, 2021：101-110.

[94] Wu F, Yang M H, Zhang B, et al. AC-Key：Adaptive caching for LSM-based Key-Value stores[C]//2020 USENIX Annual Technical Conference（USENIX ATC 20）. 2020：603-615.

[95] Sarkar S, Papon T I, Staratzis D, et al. Lethe：A tunable delete-aware LSM engine[C]//Proceedings of the 2020 ACM SIGMOD International Conference on Management of Data. 2020：893-908.

[96] Dai Y, Xu Y, Ganesan A, et al. From WiscKey to Bourbon：A Learned Index for Log-Structured Merge Trees[C]//14th USENIX Symposium on Operating Systems Design and Implementation（OSDI 20）. 2020：155-171.

[97] Trummer I. The case for NLP-enhanced database tuning：towards tuning tools that" read the manual"[J]. Proceedings of the VLDB Endowment, 2021, 14（7）：1159-1165.

[98] Kenton J D M W C, Toutanova L K. Bert：Pre-training of deep bidirectional transformers for language understanding[C]//Proceedings of naacL-HLT. 2019, 1：2.

[99] Kanellis K, Alagappan R, Venkataraman S. Too many knobs to tune？towards faster database tuning by pre-selecting important knobs[C]//12th USENIX

Workshop on Hot Topics in Storage and File Systems（HotStorage 20）. 2020.

[100] Zhang B, Van Aken D, Wang J, et al. A demonstration of the ottertune automatic database management system tuning service[J]. Proceedings of the VLDB Endowment, 2018, 11（12）: 1910-1913.

[101] Cao Z, Kuenning G, Zadok E. Carver: Finding important parameters for storage system tuning[C]//18th USENIX Conference on File and Storage Technologies（FAST 20）. 2020: 43-57.

[102] Roy A G, Conjeti S, Navab N, et al. Inherent brain segmentation quality control from fully convnet monte carlo sampling[C]//Medical Image Computing and Computer Assisted Intervention–MICCAI 2018: 21st International Conference, Granada, Spain, September 16-20, 2018, Proceedings, Part I. Springer International Publishing, 2018: 664-672.

[103] Wang Q, Lai C A, Kanemasa Y, et al. A study of long-tail latency in n-tier systems: Rpc vs. asynchronous invocations[C]//2017 IEEE 37th International Conference on Distributed Computing Systems（ICDCS）. IEEE, 2017: 207-217.

[104] Miller J J. Graph database applications and concepts with Neo4j[C]//Proceedings of the southern association for information systems conference, Atlanta, GA, USA. 2013, 2324（36）: 141-147.

[105] Tencent Cloud Team. Graph Database Performance Com-parison: Neo4j vs NebulaGraph vs JanusGraph[EB/OL]. https://www.nebula-graph.io/posts/performance-comparison-neo4j-janusgraph-nebula-graph, 2020.

[106] Monteiro J, Sá F, Bernardino J. Experimental evaluation of graph databases: Janusgraph, nebula graph, neo4j, and tigergraph[J]. Applied Sciences, 2023, 13（9）: 5770.

[107] Urbani J, Jacobs C. Adaptive low-level storage of very large knowledge graphs[C]//Proceedings of the Web Conference 2020. 2020: 1761-1772.

[108] Li S, Chen W, Liu B, et al. OntoSP: ontology-based semantic-aware partitioning on RDF graphs[C]//Web Information Systems Engineering-WISE 2021: 22nd International Conference on Web Information Systems Engineering, WISE 2021, Melbourne, VIC, Australia, October 26-29, 2021, Proceedings, Part I 22. Springer International Publishing, 2021: 258-273.

[109] Matsunobu Y, Dong S, Lee H. Myrocks : Lsm-tree database storage engine serving facebook's social graph[J]. Proceedings of the VLDB Endowment, 2020, 13（12）: 3217-3230.

[110] Under the hood : Building and open-sourcing rocksdb[CP/OL]. （2017-05-11） [2023-07-13]. http: //goo.gl/9xulVB.

[111] Dageville B, Cruanes T, Zukowski M, et al. The snowflake elastic data warehouse[C]//Proceedings of the 2016 International Conference on Management of Data. 2016: 215-226.

[112] Buragohain C, Risvik K M, Brett P, et al. A1 : A distributed in-memory graph database[C]//Proceedings of the 2020 ACM SIGMOD International Conference on Management of Data. 2020: 329-344.

[113] Huang X, Yang Y, Wang Y, et al. Dgraph : A large-scale financial dataset for graph anomaly detection[J]. Advances in Neural Information Processing Systems, 2022, 35: 22765-22777.

[114] Sbadger : A fast key-value store written natively in go[CP/OL]. （2020-09-12） [2023-7-11]. https: //github.com/dgraph-io/badger.

[115] Dong S, Callaghan M, Galanis L, et al. Optimizing Space Amplification in RocksDB[C]//CIDR. 2017, 3: 3.

[116] Cao Z, Dong S, Vemuri S, et al. Characterizing, modeling, and benchmarking RocksDB Key-Value workloads at facebook[C]//18th USENIX Conference on File and Storage Technologies（FAST 20）. 2020: 209-223.

[117] Wang Y, Chai Y. vRaft : accelerating the distributed consensus under virtualized environments[C]//Database Systems for Advanced Applications : 26th International Conference, DASFAA 2021, Taipei, Taiwan, April 11-14, 2021, Proceedings, Part I 26. Springer International Publishing, 2021 : 53-70.

[118] Wang Y, Wang Z, Chai Y, et al. Rethink the linearizability constraints of Raft for distributed systems[J]. IEEE Transactions on Knowledge and Data Engineering, 2023, 35（11）: 11815-11829.

[119] Gao S, Zhan B, Liu D, et al. Formal verification of consensus in the taurus distributed database[C]//Formal Methods : 24th International Symposium, FM 2021, Virtual Event, November 20-26, 2021, Proceedings 24. Springer

International Publishing，2021：741-751.

[120] Kargar S，Nawab F. Hamming tree：The case for energy-aware indexing for nvms[J]. Proceedings of the ACM on Management of Data，2023，1（2）：1-27.

[121] Wu F，Yang M H，Zhang B，et al. AC-Key：Adaptive caching for LSM-based Key-Value stores[C]//2020 USENIX Annual Technical Conference （USENIX ATC 20）. 2020：603-615.

[122] Sarkar S，Papon T I，Staratzis D，et al. Lethe：A tunable delete-aware LSM engine[C]//Proceedings of the 2020 ACM SIGMOD International Conference on Management of Data. 2020：893-908.

[123] Yu J，Noh S H，Choi Y，et al. ADOC：Automatically Harmonizing Dataflow Between Components in Log-Structured Key-Value Stores for Improved Performance[C]//21st USENIX Conference on File and Storage Technologies （FAST 23）. 2023：65-80.

[124] Sheng Y，Cao X，Fang Y，et al. Wisk：A workload-aware learned index for spatial keyword queries[J]. Proceedings of the ACM on Management of Data，2023，1（2）：1-27.

[125] Zhou X，Li G，Feng J，et al. Grep：A graph learning based database partitioning system[J]. Proceedings of the ACM on Management of Data，2023，1（1）：1-24.ZHOU X，LI G，FENG J，et al. Grep：A Graph Learning Based Database Partitioning System[J]. Proceedings of the ACM on Management of Data，2023，1（1）：1-24.